10

ro
ro
ro

Zu diesem Buch

Wie kann ich mein Bier selbst brauen? Explodiert die Tankstelle wirklich, wenn beim Zapfen mein Handy klingelt? Und – gibt es intelligentes Leben in Fußballstadien? Wigald Boning und Barbara Eligmann gehen diesen und anderen Fragen des Alltags auf den Grund und bieten spannende Unterhaltung, spektakuläre Experimente und verblüffende Erkenntnisse – lesen Sie los und raten Sie mit!

Wigald Boning, Moderator und Comedian, wurde mit verschiedenen Preisen wie dem Goldenen Löwen, dem Adolf-Grimme-Preis, Bambi und Echo ausgezeichnet.

Barbara Eligmann, Journalistin und Moderatorin, wurde ausgezeichnet mit der Goldenen Kamera und dem Goldenen Löwen.

Wigald Boning
Barbara Eligmann

clever!

Das Wissensbuch

Rowohlt Taschenbuch Verlag

Wichtiger Hinweis

Sofern nicht anders gekennzeichnet, sind die hier im Buch vorgestellten Experimente nicht zur Nachahmung empfohlen. Jeder Leser ist aufgefordert, eigenverantwortlich mit den beschriebenen Experimenten umzugehen. Garantie und Haftungsansprüche jeder Art sind ausgeschlossen.

3. Auflage März 2006

Originalausgabe

Veröffentlicht im Rowohlt Taschenbuch Verlag,
Reinbek bei Hamburg, März 2006

Text Olaf Fritsche
Umschlaggestaltung ZERO Werbeagentur, München
(Foto: © Max Kohr)
Satz Officina PostScript, QuarkXPress
Gesamtherstellung Clausen & Bosse, Leck
Printed in Germany
ISBN 13: 978 3 499 62150 5
ISBN 10: 3 499 62150 9

Inhalt

Vorsicht: clevere Unterhaltung!

Es kann jeden von uns treffen. Nichts ahnend sitzt man am Frühstückstisch, und plötzlich überfällt einen hinterrücks die Frage: Welches Lebensmittel ist eigentlich magnetisch? Von diesem Moment an ist nichts mehr, wie es einmal war. Wo man auch geht und steht – die Fragen wollen nicht enden. Man ist neugierifiziert, wie wir *clever!*-Leute diesen unstillbaren Drang nach verblüffenden Erklärungen und enzyklopädischem Wissen nennen. Wie kann ich mein Bier selbst brauen? Explodiert die Tankstelle wirklich, wenn beim Zapfen mein Handy klingelt? Und – gibt es intelligentes Leben in Fußballstadien?

Jetzt gilt es, nur nicht in Panik zu geraten! Sie sind nicht alleine! *clever!* steht Ihnen mit Rat, Tat und spektakulären Versuchen zur Seite. Während Sie ein Möbiusband ohne weiteres selbst zu Hause herstellen können, sind Experimente mit der heimischen Mikrowelle allerdings zumeist so gefährlich, dass Sie unbedingt die Finger davon lassen sollten. Das *clever!*-Team hingegen zögert keinen Augenblick, das Leben und die Gesundheit von Herrn Boning aufs Spiel zu setzen, um Ihnen selbst die haarsträubendsten Fragen mit Hilfe von Experimenten zu beantworten. Und zwar wissenschaftlich fundiert, aber verständlich und immer wieder überraschend. Eben ganz die Show, die Wissen schafft.

Viel Spaß beim Raten und Staunen wünschen Ihnen

Barbara Eligmann & Wigald Boning

P. S.: Bleiben Sie neugierig!

Zu Wasser, zu Lande und in der Luft

Als Show, die mit beiden Beinen fest auf den Wolken steht, beschäftigt sich clever! natürlich immer wieder mit den drängenden Mobilitätssorgen unserer modernen Gesellschaft. Wer weiß denn schon abends beim Zubettgehen, ob er sich am nächsten Morgen noch den Sprit für die Fahrt ins Büro leisten kann? Da wäre es doch viel bequemer, einfach den aufgespannten Schirm in den nächsten Orkan zu halten – und ab geht die Büropost mitsamt Botenjungen. Aber würde ein solches ökologisch einwandfreies Luftfahrzeug überhaupt funktionieren? Und was erwartet uns, wenn die Reise versehentlich bis in den luftleeren Weltraum führt? Angesichts dieser Ungewissheiten kuschelt sich der ein oder andere womöglich lieber auf sein bequemes Sofa, ohne zu ahnen, welche Gefahren im Wohnzimmer auf seinen Fernseher lauern. Darum führt clever! umfangreiche Sicherheitstests durch für alle Eventualitäten, bei deren Abwicklung Ihre Reiseunfallversicherung garantiert ins Schleudern gekommen wäre. Kurz: Sie können weiterhin ganz gelassen und sorgenfrei den täglichen Stau auf dem Weg zur Arbeit genießen – der Verkehr der Zukunft steckt gegenwärtig noch im clever!-Labor fest.

Eine Rakete aus dem Hobbykeller

Es ist mal wieder nichts los im Büro. Der Chef meditiert über die rasanteste Farbe für seinen neuen Dienstwagen, die Sekretärin pinselt derweilen die dritte Lackschicht auf ihre Fingernägel, und Sie selbst üben sich intensiv darin, den Wasserspender zu

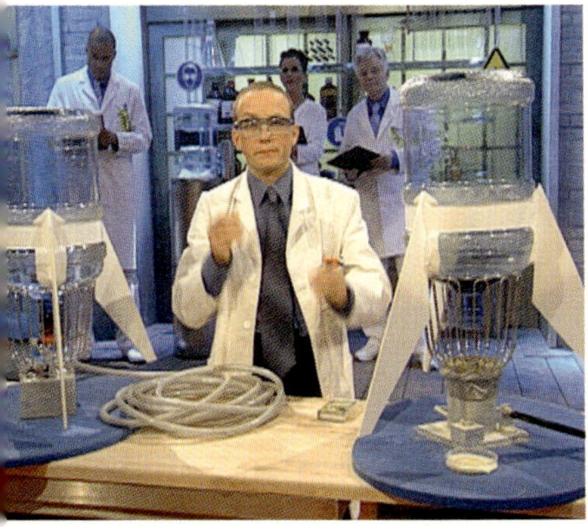

hypnotisieren. Mit ein wenig Phantasie sieht er doch aus wie eine untersetzte Rakete, oder? Wenn man den Wasserbehälter abnimmt, mit vier stabilisierenden Flügelchen versieht und den richtigen Treibstoff findet, sollte dem ersten Start höchstens die Zimmerdecke im Weg stehen. Da Herr Boning ein Mann der Tat ist, greift er unverzüglich zur Säge und in den Chemikalienschrank. Im Nu stehen drei elegante Flugobjekte auf ihren Startrampen. Fragt sich nur noch, welcher Sprit den Wasserbehälter am ehesten in den Himmel katapultiert.

Mit welchem Treibstoff saust die Wasserbehälter-Rakete richtig in die Höhe?

a) Schwarzpulver (Ein kleines Häufchen davon, unter dem Wasserbehälter entzündet, garantiert zumindest den Knalleffekt.)

b) Luft und Wasser (Auf alle Fälle die billigste Variante. Und im Büro soll ja bekanntlich gespart werden.)

c) Wasserstoffperoxid (Vielleicht kennen Sie diese Substanz als «Wasserstoffsuperoxid» vom Haareblondieren. Aber als Antrieb für Raketen?)

Antwort: **Lösung b ist richtig!**

Pumpt man Pressluft in den Wasserbehälter, entsteht ein Überdruck, der das restliche Wasser hinausdrängt. Der Rückstoß lässt die «Rakete» abheben.

Warum ist das so?

Das Rückstoßprinzip ist uns allen von Kindergeburtstagen und Betriebsfeiern bekannt: Kaum hat man mit Müh und Not einen dieser fiesen, länglichen Luftballons aufgeblasen, reißt er sich los und zischt zur Belustigung der lieben Kleinen oder schadenfrohen Kollegen laut schnarrend durch den Raum. Er stößt dabei unsere unter Qualen reingepustete Luft nach hinten aus, und da jede Kraft eine Gegenkraft produziert, befördert das den Ballon nach vorn.

Für Nochbesserwisser

Das Prinzip «Jede Kraft erzeugt eine Gegenkraft» ist in der Physik als das dritte Newton'sche Axiom bekannt. Das erste Axiom sagt aus, dass ein Körper sich nur dann aus seiner Ruhelage bewegt oder seine bisherige Bewegung ändert, wenn eine Kraft auf ihn wirkt (salopp formuliert: von nix kommt nix). Nach dem zweiten Axiom hängt die Änderung der Bewegung von der Größe der Kraft und der Masse des Körpers ab (umgangssprachlich: Je doller der Schubs, umso schneller der Schwung).

Um den Wasserbehälter auf diese Weise abheben zu lassen, reicht die Leistungsfähigkeit unserer Lungen nicht aus. Stattdessen nehmen wir Pressluft von einem Kompressor oder zur Not eine Luftpumpe. Herr Boning verbindet das Gerät über einen Schlauch mit dem Behälter, der zu etwa zwei Fünfteln mit Wasser gefüllt ist. Ein Gummistopfen, durch den ein Röhrchen für die Luft führt, schließt das Ganze dicht ab. Dann gilt es, bequem den Hahn aufzudrehen oder fleißig zu pumpen.

Der Luftdruck in dem Gefäß steigt an und drängt gegen die Wände und das Wasser. Da der Kunststoff des Behälters aber recht stabil ist und Wasser sich nicht komprimieren lässt, gibt es nur einen Ausweg: das Röhrchen für die Pressluftzufuhr. Irgendwann sprengt der Druck es ab, und die komprimierte Luft im Behälter drückt mit Macht das Wasser heraus. In einer Fontäne schießt es nach unten, und der Rückstoß befördert die Wasserrakete nach oben. Sie kann dabei übrigens durchaus Höhen von über einhundert Metern erreichen. Selbst mit Sturzhelm ist es dann eine äußerst unangenehme Erfahrung, den Behälter bei seiner Rückkehr zur Erde mit dem Kopf aufzufangen. Daher ist dieser Versuch nicht zur Nachahmung im heimischen Garten zu empfehlen!

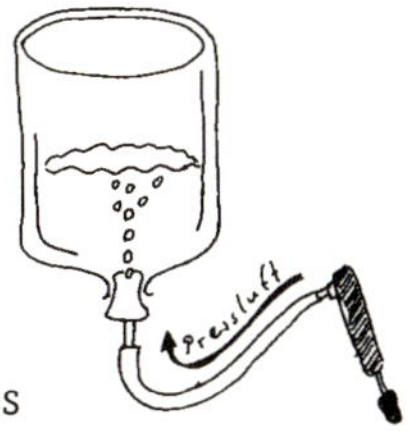

NICHT nachmachen!

Falls Sie bei dieser Frage auf Antwort c – das Wasserstoffperoxid als Treibstoff für die clever!-Rakete – getippt haben, lagen Sie übrigens gar nicht so verkehrt. Tatsächlich wurde die

clever! zu Hause

Die Minirakete für jedermann

Für alle Hobbyingenieure mit Zugang zu einem leeren Platz unter freiem Himmel hat clever! einen Basteltipp. Dazu benötigen Sie ein Filmdöschen, Wasser und eine Brausetablette beliebiger Geschmacksrichtung.

Das Filmdöschen füllen Sie zu etwa einem Viertel mit Wasser, geben eine halbe Brausetablette hinzu und verschließen den brodelnden Treibstoffbehälter schnell mit dem Deckel. Stellen Sie ihn über Kopf auf den Boden und gehen Sie ein paar Schritte in Deckung. In dem Wasser reagieren die Inhaltsstoffe der Tablette miteinander, und es entsteht Kohlendioxidgas. Das braucht aber mehr Platz, als im Döschen zur Verfügung steht.

Nach kurzer Zeit sprengt das Gas den Deckel nach unten, und Ihre Minirakete zischt ab ins Blaue.

clever! entdeckt

Vermutlich haben die Chinesen die Feststoffrakete erfunden. Bereits im Jahr 1232 sollen sie sich bei einer Belagerung mit «Pfeilen des fliegenden Feuers» gegen die angreifenden Mongolen verteidigt haben. Über Arabien gelangte das Wissen für den Raketenbau nach Westeuropa.

Substanz früher in Raketen verwendet. Allerdings in Kombination mit einem Brennstoff, den das Wasserstoffperoxid mit dem nötigen Sauerstoff versorgt hat. Ohne diesen Brennstoff passiert nichts.

Auch das Schwarzpulver – Antwort a – hat einen Bezug zu Raketen. Es diente wahrscheinlich im Mittelalter als Antrieb für Feuerwerkskörper und frühe Kriegsraketen. Eine nicht ganz ungefährliche Angelegenheit, hat doch das Schwarzpulver in unserem Experiment den Wasserbehälter mehr demoliert als elegant in die Umlaufbahn geschossen.

Ein Schluck Wasser im Vakuum

Wissen Sie schon, wo es hingehen soll in den nächsten Ferien? Wie wäre es mit einem Trip in den Weltraum? Demnächst für schlappe 100000 Euro in jedem gut sortierten Reisebüro zu haben. Doch Vorsicht! Ob wir nun per Anhalter oder mit unserer

selbst gebauten Wasserbehälter-Rakete in den Weltraum fliegen – dort oben warten schauerliche Gefahren auf uns: Es ist dunkel, kalt, und die Luft zum Atmen fehlt auch: Hier herrscht das Vakuum. Und wie der menschliche Körper darauf reagiert, zeigt dieses Experiment.

Weil der Supermarkt um die Ecke noch immer kein echtes Weltraumvakuum in Tüten verkauft, simulieren wir das große, weite All mit einer Vakuum-Saugpumpe. Die daran angeschlossene Glasglocke ist so klein, dass nicht einmal Herr Boning darin Platz hat, daher übernimmt ein Glas Wasser die Rolle des tapferen Astronauten ohne Schutzanzug. Schließlich sind wir Menschen im Prinzip auch nicht viel mehr als ein Schluck Wasser in mehr oder weniger wohl geformten Hautschläuchen.

Was passiert mit dem Wasser, wenn wir die Luft absaugen?

a) Es gefriert (Wie gesagt: Es ist verdammt kalt im Weltraum.)

b) Es siedet (So wie wir das vom Nudelkochen am heimischen Herd kennen.)

c) Es siedet und gefriert (Wer weiß schon, nach welchen Gesetzen der Kosmos funktioniert?)

Antwort: **Lösung c ist richtig!**

Der verminderte Druck senkt den Siedepunkt des Wassers herab. Die verdampfenden Moleküle nehmen aber so viel Energie mit, dass der zurückbleibende Rest gefriert.

Warum ist das so?

Nicht nur die Temperatur bestimmt, wann Wasser vom flüssigen in den gasförmigen Zustand übergeht – auch der Luftdruck spielt dabei eine Rolle. Hat nämlich ein Wassermolekül es einmal geschafft, sich von seinen klammernden Kollegen zu befreien, wird es bei hohem Luftdruck schnell wieder zurückgeschubst. Bei niedrigem Luftdruck hingegen ist die Flucht viel einfacher. Das bemerken auch Bergsteiger, die sich einen Kaffee kochen wollen: Das Wasser siedet schon bei viel niedrigeren Temperaturen. Bei unserem Versuch ist es in der ersten Phase genauso: Wir pumpen Luft aus der Glasglocke und vermindern damit schlicht den Druck, sodass das Wasser schon bei Raumtemperatur zu kochen anfängt!

Aber warum gefriert das Wasser nach einiger Zeit? Das liegt daran, dass jedes Wassermolekül beim Sieden mehr Wärmeenergie mitnimmt, als ihm eigentlich zusteht. Denn nur wer Energie klaut, hat genug, um den Anziehungskräften im Wasser zu entrinnen. Wer zurückbleibt, hat Pech gehabt und wird immer kälter – bis er als Eisklumpen zurückbleibt.

Ein Weltraumtourist ohne flauschigen Astronautenanzug würde also zunächst gekocht und dann schockgefroren.

Und damit nicht genug: Die gefrorenen Säfte im Körper beginnen irgendwann zu verdampfen, ohne den Umweg über den flüssigen Zustand zu nehmen. Der Fachmann nennt das Sublimation. Letztlich wäre der Astronaut gefriergetrocknet wie Tütensuppen oder Instantkaffee. Alles in allem empfiehlt sich das Weltall also herzlich wenig für Anhänger der Freikörperkultur.

Münze gegen Feder im freien Fall

Die Luft war raus. Nicht wie Sie vielleicht denken. Auch bei diesem Versuch war das Publikum hinreißend, waren die Gäste geistreich, Frau Eligmann charmant, und Herr Boning sprudelte über vor Wissen. Aber für das folgende Experiment braucht man

ein Vakuum, und das heißt: eine Kammer, aus der die Luft weitgehend herausgepumpt wurde. Alles, was noch darin sein darf, sind eine Feder und eine Münze. Sie sehen, auch mit Kleingeld lässt sich spannende Forschung betreiben. Die beiden Gegenstände hängen im Vakuum an einer Halterung und stürzen auf Knopfdruck gleichzeitig in die Tiefe. Keine Frage, welches der beiden Dinge zuerst am Boden ankommt – oder etwa doch?

Was fällt im Vakuum schneller zu Boden?

a) Die Münze (Man braucht sich nur die Aktienkurse anzusehen, um festzustellen, wie schnell Geld heutzutage an Boden verliert.)

b) Die Feder (Nicht umsonst schlagen Vögel so heftig mit den Flügeln, um in der Luft zu bleiben.)

c) Beide gleich (Schließlich liegt der Gänsebraten zu Weihnachten auch schwer im Magen.)

Antwort: Lösung c ist richtig!

In einem Vakuum fallen alle Gegenstände gleich schnell. Egal, wie groß oder schwer sie sind.

Warum ist das so?

Damit sich ein Gegenstand überhaupt bewegt, muss eine Kraft auf ihn wirken. Das hat schon der gute alte Newton erkannt. Und für unser Experiment hat er auch gleich gesagt, um welche Kraft es sich beim freien Fall handelt: die Gravitation, auch Schwerkraft genannt. Die zieht Feder wie Münze mit Macht in Richtung Erdschwerpunkt. Und zwar umso stärker, je mehr Masse der Körper hat. Deshalb sind manche Dinge schwerer als andere, und man erleidet beim Herumtragen eines Ambosses gerne mal einen Leistenbruch.

Wer bei einer solchen Gelegenheit verärgert mit dem Fuß gegen den Amboss tritt, wird feststellen, dass eine so große Masse nicht nur schwer, sondern auch ungeheuer träge ist. Viel träger als ein Fußball. Wissenschaftler sprechen darum auch von der Trägheit, die dafür verantwortlich ist, dass der Gegenstand an seinem Platz verharren will.

Da Trägheit und Schwerkraft von der Masse eines Körpers abhängen, aber beim freien Fall in entgegengesetzte Richtungen wirken, spielt die Masse unter dem Strich keine Rolle. Wenn die Gravitation also an einer schweren Münze zieht, dann sitzt zwar mehr Kraft dahinter als bei einer Feder, aber exakt dieses Mehr

Nachgehakt

Theoretisieren ist gut – ausprobieren ist besser. Der Astronaut David Scott machte im Rahmen der Apollo-15-Mission die Probe aufs Exempel. Er ließ vor laufender Kamera auf dem Mond eine Adlerfeder und einen Hammer fallen. Und siehe da: Beide fielen gleich schnell!

clever! entdeckt

Galileo Galilei (1564–1642) hat mit dem alten Vorurteil aufgeräumt, dass schwere Dinge schneller fallen als leichte von ähnlicher Form. Angeblich hat er dafür mit seinen Schülern Gegenstände vom Schiefen Turm von Pisa fallen lassen.

muss zusätzlich aufgewandt werden, um den trägen Brocken überhaupt in Bewegung zu bringen. Das Resultat ist: Wenn es nur Schwerkraft und Trägheit gibt, fallen alle Körper gleich schnell.

Und sie fallen immer schneller, je länger sie der Erdanziehung folgen. In Nähe der Erdoberfläche liegt der Faktor für die Fallbeschleunigung bei $9{,}81\,m\ s^{-2}$. Um auszurechnen, wie schnell ein Körper fällt, muss man diesen Wert mit der bisherigen Fallzeit in Sekunden multiplizieren. Nach einer Sekunde hat der Gegenstand mit 9,81 Metern pro Sekunde (35,32 km/h) etwa das Tempo eines Spitzensprinters, in der zweiten Sekunde brauchte man schon ein Motorrad, um bei 19,62 Metern pro Sekunde (70,63 km/h) mitzuhalten.

Zumindest rechnerisch oder im Vakuum. Auf Erden hat der liebe Gott eine natürliche Bremse eingebaut: den Luftwiderstand. In der Atmosphäre sitzen nämlich überall da, wo die Gegenstände entlangfallen wollen, bereits unzählige Luftmoleküle. Die müssen erst mal Platz machen, was Energie kostet und Zeit braucht. Je schneller etwas fällt, umso kräftiger wirkt der Luftwiderstand. Deshalb ist es auch so schwierig, beim Radfahren vor Jan Ullrich zu bleiben, denn dann muss man selbst die ganze Luft beiseite drücken.

Bei jeder Bewegung durch die Luft kommt daher unweigerlich der Punkt, an dem die Beschleunigung und der wachsende Luftwiderstand einander aufheben. Dann ist die Endgeschwindigkeit erreicht – schneller wird der Gegenstand nicht mehr.

Wie groß der Luftwiderstand ist, hängt übrigens entscheidend von der Form des Körpers ab. Fallschirmspringer nutzen das, um je nach Körperhaltung dem Boden schnell oder extrem schnell entgegenzubrettern. Irgendwann ziehen sie dann die Reißleine, und es entfaltet sich der großflächige Schirm, der den Luftwiderstand zum Bremsen nutzt.

Wenn wir mit diesem Wissen einen kritischen Blick auf unsere Feder und die Münze werfen, stellen wir fest, dass die Feder dem Luftwiderstand eine ungleich größere Angriffsfläche bietet als die Münze. Dementsprechend fällt sie quasi mit angezogener Handbremse und verliert beim Fall in Luft tatsächlich das Rennen gegen den Euro.

Was lernen wir daraus? Auch Federn sind nichts anderes als verhinderte Vorschlaghämmer. Und: Fallschirmspringen auf dem Mond ist kein Sport mit großer Zukunft.

clever! zu Hause

Falls bei Ihnen im Wohnzimmer gerade kein Vakuum zur Verfügung stehen sollte, können Sie den Versuch in leicht abgewandelter Form nachmachen. Dafür brauchen Sie zwei alte Tischtennisbälle, einen kleinen Handbohrer, feinen Sand, etwas Klebefilm und ein Holzbrettchen.
Machen Sie mit dem Bohrer in einen der Bälle ein kleines Loch. Dadurch füllen Sie Sand ein, sodass der Ball ordentlich an Gewicht zulegt. Das Loch verschließen Sie anschließend mit dem Klebeband. Nun haben Sie einen leichten und einen schweren Tischtennisball, die wegen ihrer gleichen Form auch den gleichen Luftwiderstand überwinden müssen. Legen Sie die Bälle auf das Holzbrett und halten Sie das Ganze auf Augenhöhe. Dann ziehen Sie schnell das Brett nach hinten weg – und ab geht der rasante Sturz in die Tiefe. Welcher Ball kommt zuerst auf dem Boden an?

Wenn der Fernseher baden geht

Vielleicht ist Ihnen das auch schon ab und zu passiert: Sie sitzen abends gemütlich vor dem Fernseher, schauen die neueste Folge von clever!, und plötzlich fällt die Glotze ins Aquarium. Macht nichts, werden Sie denken, der letzte Fisch ist sowieso vorige

Woche ertrunken. Und wenn der Fernseher jetzt eh hin ist, wäre das doch endlich die passende Gelegenheit, um sich einen schicken neuen Flachbildschirm zu leisten. Diese schnuckeligen Heimkinos stehen ja bekanntlich nicht mehr im Schrank, sondern zieren anstelle des röhrenden Hirsches die Wohnzimmerwand. Doch wehe dem, der sich auf die Kraft der schwachen Schräubchen verlässt. Nur allzu schnell flutscht auch der neue High-Tech-Kasten in das darunter stehende Aquarium. Da hilft nur eines: die richtige Füllung, damit es nicht wieder einen Kurzschluss gibt.

In welcher Flüssigkeit läuft ein Fernseher weiter?

a) In Salatöl (Frau Eligmann empfiehlt Sonnenblumenkernöl aus ökologischer Freilandhaltung.)

b) In einem isotonischen Getränk (Der zischende Sportsaft gibt dem Fernseher die nötige Widerstandskraft.)

c) In destilliertem Wasser (Reines Wasser aus kondensiertem Dampf ist die unschuldigste aller Flüssigkeiten.)

Antwort: **Lösung a ist richtig!**

Von den drei Flüssigkeiten mit eingelegtem Fernseher leitet nur das Salatöl nicht den elektrischen Strom und verhindert so einen Kurzschluss.

Warum ist das so?

Wenn Ihr Fernseher in eine elektrisch leitende Flüssigkeit fällt, braucht der Strom sich nicht mehr durch die ganzen Widerstände, Dioden und Transistoren im Gerät zu quälen, sondern kann die leichter zu durchfließende Abkürzung durch das Nass nehmen. Es gibt einen Kurzschluss, und im besten Fall springt dabei die Sicherung raus. Im schlimmsten Fall dürfen Sie sich nach einer neuen Wohnung umsehen – der Versuch ist daher nicht zur Nachahmung empfohlen!

NICHT nachmachen!

Was bedeuten nun aber «elektrisch leitend» und «Strom fließt» genau? Dazu stellen wir uns vor, wir würden ein Stück Draht zerhacken, bis die Teile nur noch ein Zehntel eines milliardstel Meters Kantenlänge hätten. Vor uns läge dann ein Häufchen einzelner Atome. Mit Hypermikroskop-Augen könnten wir sehen, dass so ein Atom aus einem winzigen Kern besteht, der von einer Horde noch kleinerer Teilchen umschwirrt wird. Diese Teilchen heißen Elektronen und sind elektrisch negativ geladen. Der Kern ist dagegen positiv. Weil in einem Atom normalerweise gleich viele positive Ladungen im Kern und negativ geladene Elektronen vorkommen, ist das Ganze nach außen elektrisch neutral.

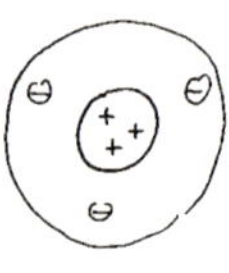

Für Nochbesserwisser

Das Elektron ist eines der so genannten Elementarteilchen, die sich auch mit größtem Aufwand nicht weiter zerlegen lassen. Der Atomkern besteht dagegen aus Protonen und Neutronen, die wiederum aus so genannten Quarks zusammengesetzt sind.

clever! entdeckt

Das Wort «Elektron» stammt aus dem Altgriechischen und bedeutet «Bernstein». Dieses ausgehärtete Baumharz lädt sich nämlich elektrisch auf, wenn man es an bestimmten Stoffen reibt. Das liegt daran, dass Elektronen von einem Körper zum anderen springen. Der Bernstein wird gewissermaßen zu einem riesigen Ion.

Mit dieser Harmonie ist Schluss, sobald wir eine elektrische Spannung am Draht anlegen, beispielsweise mit einer Batterie. Dann drängen vom Minuspol ständig neue Elektronen hinein und schieben die bereits vorhandenen Elektronen weiter, bis diese im Pluspol der Batterie verschwinden. Der Ablauf erinnert ein wenig an eine Bank im Kindergarten, auf deren linke Seite sich ständig Neuankömmlinge setzen und dabei so schieben, dass die alten Hasen rechts von der Bank purzeln.

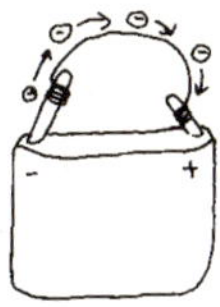

Nach diesem Prinzip wandern Elektronen durch die Drähte und Schaltungen des Fernsehers, der Fachmann sagt: Der Strom fließt.

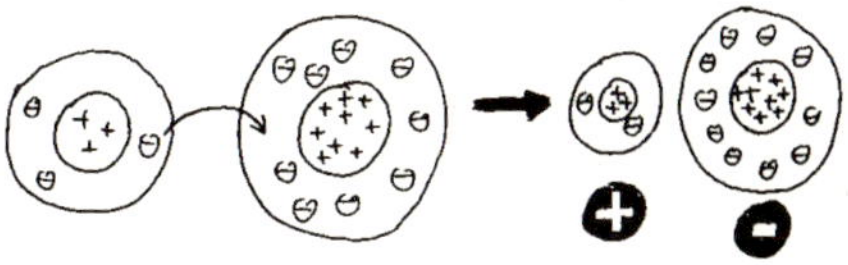

In Flüssigkeiten sieht die Sache etwas anders aus. Hier springen oft schon ohne elektrische Spannung Elektronen von Atomen, an denen sie nur locker gebunden sind, auf solche, die gerne noch ein oder zwei Elektronen aufnehmen. Die ursprünglich neutralen Atome werden so zu geladenen Ionen.

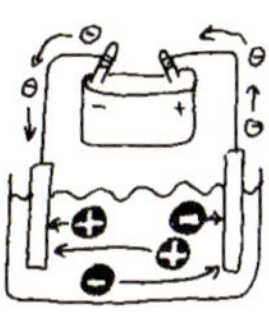

Stecken wir nun die Kontakte unserer Spannungsquelle in die Flüssigkeit, beginnen die Ionen darin zu wandern. Positive Ionen schwimmen zum Minuspol, negative Ionen zum Pluspol. Abermals fließt der Strom.

Je mehr Ionen es in einer Flüssigkeit gibt, umso besser leitet sie den Strom. Und da liegt der entscheidende Unterschied zwischen den drei Tauchbecken in unserem Experiment. In isotonischen Getränken (Antwort b) wimmelt es geradezu von Ionen, denn diese Drinks sollen den Mineralverlust beim Sport ausgleichen. Destilliertes Wasser (Antwort c) hat von sich aus zwar nur sehr wenige Ionen, aber der Fernseher bringt beim Hineinfallen einigen Dreck mit, der das Wasser schnell verschmutzt und

clever! zu Hause

Anstelle des Fernsehers können Sie für ein kleines Experiment in der Küche einfach die Kontakte einer 9V-Blockbatterie in ein Glas Leitungswasser halten. Nach wenigen Minuten bilden sich kleine Gasbläschen, die bald darauf nach oben blubbern. Es handelt sich um Sauerstoff (am Pluspol) und Wasserstoff (am Minuspol), die aus den Ionen im Wasser hervorgegangen sind.

somit leitfähiger macht. Im reinen Salatöl (Antwort a) klammern sich die Atome so fest an ihre Elektronen, dass es keine freien Ionen gibt. Und der Schmutz aus dem Fernseher hat es schwer, sich einen Weg zu bahnen, weil das Öl Ionen nur sehr schwer durchlässt. Praktisch gesehen fließt kein Strom, es gibt keinen Kurzschluss, und Ihre Glotze dudelt munter weiter.

In einem ölgefüllten Aquarium geschieht Ihrem Fernseher also kein Leid. Doch gestatten Sie eine Frage: Warum um alles in der Welt sollten Sie ein ölgefülltes Aquarium im Wohnzimmer stehen haben?

Bei Nemo schlägt der Blitz ein

Erinnern Sie sich noch an Ihren letzten Urlaub? Sie wollten zwei unbeschwerte Kreuzfahrtwochen an Bord eines U-Boots verleben – doch kaum sind Sie in die Tiefen der Unterwasserwelt hinabgetaucht, schlägt aus heiterem Himmel der Blitz ins Meer. Da fragt

sich der besorgte Tierfreund natürlich sofort: Wie mag es jetzt wohl den Fischen gehen? Schließlich können die bei einem Gewitter nicht die Beine in die Hand nehmen und an Land einen sicheren Unterschlupf suchen. Doch so ein Blitz knallt immerhin mit etwa 100 Millionen Volt – allemal genug für Bratfisch à la Elektroschock. Wieso wird das Meer da nicht bei jedem Gewitter zur Fischsuppe? Ob die kleinen Flossenträger sich irgendwo verstecken können?

In welchem Unterschlupf wären Fische vor Blitzen geschützt?

a) In einem Autowrack (Schließlich gibt es immer wieder mitfühlende Zeitgenossen, die ihren Schrott selbstlos zur Rettung der Unterwasserwelt ins Meer kippen.)

b) In einer Plastikflasche (Besonders beliebt sollen Flaschen von Light-Getränken sein, denn dann passen die Fische auch nach dem Gewitter noch durch die Öffnung.)

c) In einem Porzellantopf (Der Niedergang des guten alten Nachttopfes stellt somit auch die Bewohner von Seen, Flüssen und Meeren vor ein drängendes Problem.)

Antwort: **Lösung a ist richtig!**

Auch unter Wasser wirkt die Karosserie eines Autos als so genannter Faraday'scher Käfig, in den der Blitz nicht eindringen kann.

Warum ist das so?

Es kommt zwar selten vor, aber mitunter knallt der Blitz doch in einen See, Fluss oder ins Meer. Dann gilt die gleiche Regel wie für

den Einschlag an Land: Der elektrische Strom sucht sich den Weg des geringsten Widerstands. Da Luft ein schlechter elektrischer Leiter ist, bleibt der Blitz auf seinem Weg vom Himmel zur Erde im Wesentlichen auf einen engen Blitzkanal beschränkt, den wir als gezackte Leuchtspur sehen können.

Im Wasser sind hingegen zahlreiche Salze gelöst, sodass es relativ gut leitet. Nach dem Einschlag breitet sich der Strom deshalb halbkugelförmig darin aus und verliert schnell an Stärke. In mehr als 100 Meter Entfernung ist der Blitzschlag darum kaum noch gefährlich.

Ist unser Fisch aber dummerweise dichter dran, hängt sein Leben von zwei Fragen ab. Erstens: Wie groß ist der Fisch? – Je kleiner, umso weniger Strom fließt durch seinen Körper und umso größer sind die Überlebenschancen. Und zweitens: Wie gut leitet das Wasser um den Fisch herum den Strom, verglichen mit dem Fisch selbst? – Der Strom wird nämlich auf jeden Fall beide Wege wählen, wie er sich aufteilt, hängt aber von den elektrischen Widerständen (gemessen in Ohm) ab. So ein typischer Feld-Wald-und-Wiesen-Fisch hat einen spezifischen Widerstand von rund

30 Ohm-Metern, etwa wie auch das Süßwasser in seinem See. Meeresfische sind in der glücklichen Lage, dass ihr Lebensraum dem Strom sogar nur 0,3 Ohm-Meter entgegensetzt. Sie bekommen darum lediglich ein Hundertstel der Süßwasserkollegen ab. Während des Stromstoßes sind sie kurz gelähmt, schwimmen danach jedoch munter weiter. Nach Blitzeinschlägen auf dem Wasser sieht man in freier Natur darum nur selten geschuppte Opfer mit dem Bauch nach oben schwimmen.

In unserem Studioexperiment gönnen wir den speziell ausgebildeten Stunt-Fischen allerdings kein 100-Meter-Becken für eine Erfolg versprechende Flucht. Der künstliche Blitz hinkt mit seinen 500 000 Volt zwar deutlich hinter dem natürlichen Original her, aber für die Sushi-Bar wären die kleinen Nemos nach dem Einschlag garantiert nicht mehr roh genug. Weil Herr Boning unter seiner rauen Schale erstaunlicherweise doch ein keksweiches Herz

Nachgehakt

Mögen Fische bei Gewitter gemütlich weiter im Wasser dümpeln – für uns Menschen heißt es bei solchem Wetter: Nichts wie raus! Ein Blitz auf der Suche nach der kürzesten Verbindung zwischen Wolke und Boden könnte sonst nämlich die willkommene Abkürzung durch den Kopf des Schwimmers nehmen. Außerdem sind die meisten Badeseen und vor allem Schwimmbäder so klein, dass der Stromstoß nach einem Einschlag in die Wasseroberfläche fast mit Sicherheit tödlich wäre.

clever! entdeckt

Der englische Physiker Michael Faraday (1791–1867) gilt als einer der besten Experimentatoren aller Zeiten. Unter anderem fand er heraus, dass ein elektrisches Feld nicht in einen Raum eindringen kann, der von metallischen Wänden umgeben ist – einem Faraday'schen Käfig.

Für Nochbesserwisser

Die Entfernung eines Gewitters können Sie anhand des zeitlichen Abstandes zwischen Blitz und Donner ausrechnen. Einfach die Sekunden zwischen Blitz und Donner zählen, die Zahl mit 300 multiplizieren, und Sie haben die Distanz in Metern. Während das Licht des Blitzes nämlich praktisch sofort zu sehen ist, kommt das Donnergrollen nur mit Schallgeschwindigkeit voran, und das sind grob 300 Meter pro Sekunde.

trägt, führt er den Versuch mit der Plastikflasche und dem Porzellantopf darum gar nicht erst durch. Beides sind hervorragende Isolatoren und miserable Leiter – der Strom würde mit Macht durch die Fische fahren.

Anders bei dem Autowrack – im Studio durch ein Drahtmodell nachgestellt. Dessen Metall ist mit nur 0,098 Ohm-Metern wie geschaffen zum Leiten von Strom. Sobald der Strom das Wrack mit seinem elektrischen Feld erreicht, wandern die Elektronen in dem Metall so, dass ein Gegenfeld entsteht und im Inneren praktisch gar nichts passiert. Wie der Deich auf einer friesischen Hallig die Nordsee draußen hält, sorgt das Wrack als Faraday'scher Käfig dafür, dass kein Strom ins Innere schwappt. Da kann Herr Boning noch so gewaltig blitzen und donnern, die Fische verspüren nicht einmal ein Kribbeln in ihren Flossen.

Der fliegende Wigald

Was waren das noch für herrliche Zeiten, als Eltern ihre Kinder mit Geschichten von abgeschnittenen Daumen, brennenden Mädchen und verhungernden Jungen erschreckt haben. Gegen die Geschichten aus dem «Struwwelpeter» sind selbst japanische

Kinderserien im Fernsehen nur lahme Schocker. Denn man weiß ja nie, wie viel Wahrheit in den Versen steckt. Wie ist es beispielsweise mit dem fliegenden Robert?

Seht! Den Schirm erfasst der Wind
Und der Robert fliegt geschwind
Durch die Luft, so hoch, so weit;
Niemand hört ihn, wenn er schreit.
An die Wolken stößt er schon,
Und der Hut fliegt auch davon.

Könnte so etwas einem Federgewicht wie Herrn Boning tatsächlich passieren? Vorausgesetzt, der Schirm ist ordentlich verstärkt, denn gewöhnliche Schirme klappen bei starkem Wind einfach um.

Was geschieht mit Herrn Boning samt Schirm im Wind?

a) Er fliegt (Denn was hält die paar Gramm schon am Boden?)

b) Er fällt um (Vor der Windmaschine fällt Standfestigkeit schwer.)

c) Er bleibt stehen (Alles andere würden seine Nerven auch nicht mitmachen.)

Antwort: **Lösung a ist richtig!**

Bei einer Windgeschwindigkeit von etwa 75 Kilometern pro Stunde hebt Herr Boning tatsächlich ab und fliegt einige Meter über dem Boden.

Warum ist das so?

Eigentlich ist schon erstaunlich, dass ein normaler Schirm im Wind umklappt. Halten wir ihn gerade, pustet es schließlich allenfalls vorne, aber keineswegs von unten. Und auch Herr Boning mit seinem verstärkten Spezialschirm hat es mit Winden von vorne zu tun.

Wenn es die Schirme dennoch gen Himmel zieht, so liegt das am Bernoulli-Effekt, der uns im Zusammenhang mit Winden und strömenden Flüssigkeiten des Öfteren begegnet.

clever! entdeckt

Daniel Bernoulli (1700–1782) wurde in den Niederlanden geboren, arbeitete aber als Mathematiker und Physiker auch in Russland und der Schweiz. Er beschäftigte sich vor allem mit dem Verhalten von Flüssigkeiten und Gasen.

Für ein Luftteilchen, das auf den Schirm zurast, gibt es zwei Möglichkeiten: drunter durch auf geradem Wege oder krumm obendrüber. Obenherum wird es allerdings etwas eng, denn da staut es sich wie auf der Autobahn, wenn plötzlich eine Spur gesperrt ist. Anders als auf der Autobahn darf die Luft im Engpass aber schneller sausen, weil von hinten die nachfolgenden Teilchen erbarmungslos nach vorne drücken. Außerdem gibt es eine Zirkulationsströmung, die oben in Windrichtung wirkt und unten dagegen. Das macht die über den Schirm sausenden Teilchen richtig

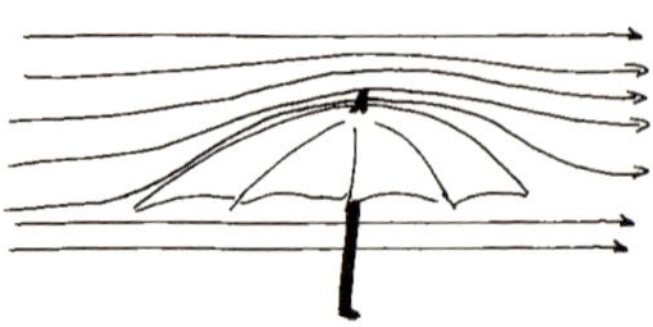

clever! entdeckt

Den «Struwwelpeter» mit der Geschichte vom fliegenden Robert hat der Arzt Dr. Heinrich Hoffmann (1809 – 1894) geschrieben, als er 1844 auf der Suche nach einem Buch für seinen dreijährigen Sohn seiner Ansicht nach nichts Altersgerechtes finden konnte.

Beine, sodass sie sogar vor ihren trödelnden Kollegen von der unteren Fraktion am Schirmende ankommen.

Wer flink vorankommen will, hat kaum Gelegenheit, mit den Ellenbogen zur Seite auszuteilen. Die Moleküle auf dem oberen Weg prallen seltener auf den Schirm, und es entsteht ein Unterdruck. Die Folge: Es zieht den Schirm nach oben, als säße im Himmel eine ganze Heerschar von Staubsauger-

clever! zu Hause

Ohne Spezialschirm wird es nichts mit dem kostenlosen Flugabenteuer. Den Bernoulli-Effekt können Sie aber ganz einfach mit einem Blatt Papier sichtbar machen. Halten Sie es knapp unter Ihre Lippen, sodass es locker herabhängt. Nun blasen Sie schräg nach vorn unten. Obwohl Ihr Atem von oben über das Papier streicht, wird es vom geringeren Luftdruck angesaugt und flattert hoch.

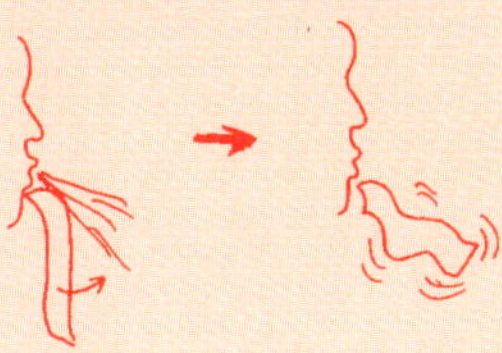

Nachgehakt

Dem Bernoulli-Effekt ist auch zu verdanken, dass Flugzeuge fliegen können. Während die Unterseiten ihrer Flügel im Querschnitt fast gerade verlaufen, sind die Oberseiten gewölbt. Durch eine Zirkulationsströmung fließt sie oben schneller, und es entsteht ein Unterdruck, der die Maschine nach oben saugt. Weniger schön macht sich der Effekt bei schweren Stürmen bemerkbar. Dann hebt er ganze Hausdächer nach oben.

vertretern. Da nützt auch der weiße Kittel nichts mehr, und Herr Boning entschwebt heftig zappelnd, bis ihn irgendein zufällig vorbeikommender Hubschrauber von Wolke sieben pflückt und wieder ins Studio bringt. Getreu der Vorlage im «Struwwelpeter». Womit ganz nebenbei auch geklärt sein dürfte, dass der fliegende Robert ebenfalls mit einem Spezialschirm unterwegs gewesen sein muss. Damals waren eben schon die Kinder so risikobereit wie heutzutage nur Moderatoren von Wissenschaftssendungen.

Aufgeblähte Traummaße

Wenn die Natur es mit frau an bestimmten Stellen nicht voluminös genug gemeint hat, dann helfen hoffnungsvolle Hollywood-Sternchen gerne mal ein wenig nach. Und auch die Männerwelt hat für Po und Bizeps schon das Implantat für knackige Kurven

entdeckt. Doch nach der OP sollten Sie darauf achten, welche Zeitungen Sie lesen. Ansonsten könnten Ihnen bei Schlagzeilen wie «Busen platzte in 10 000 Meter Höhe – Sex-Bombe explodiert» etwas mulmig werden. Dürfen Pamela Anderson und ihre Kolleginnen also nur noch per Bahn, Schiff und Tiefflieger reisen? Oder ist die Story vom geplatzten Brustimplantat nur eine moderne Legende? clever! wollte es genau wissen ... und konnte sich kaum retten vor freiwilligen Helfern männlichen Geschlechts.

Was reagiert sichtbar auf Druckabfall in einem Flugzeug?

a) Das Silikonimplantat (Es könnte platzen oder sich vielleicht verklumpen.)

b) Das Kochsalzimplantat (Außer dem Platzen gäbe es hier noch die Möglichkeit, dass sich feine Salzkristalle bilden.)

c) Der Luftpolster-BH (Sozusagen die nichtimplantierte Sparversion zur Brustvergrößerung, die sich eventuell aufblähen und sogar platzen könnte.)

Antwort: Lösung c ist richtig!

Wenn Brustimplantate jemals auf Druckabfall reagiert haben sollten, dann in der Frühzeit ihrer Entwicklung, als sich mitunter ein wenig Luft hineinschmuggeln konnte. Moderne Implantate scheren sich nicht um den Luftdruck.

Warum ist das so?

Weil die Gagen für Hollywoods vergrößerte Superstars mindestens eben so hoch sind wie die nötige Flughöhe, um diesen Versuch durchzuführen, hat der Sender sich für ein Modellexperiment im Studio entschlossen. Eine formschöne Schaufensterpuppe bekommt in jede Hand eines der Implantate und darf zusätzlich in den Luftpolster-BH schlüpfen. Anschließend kommt sie in eine Unterdruck-Kammer, aus der so lange Luft gepumpt wird, bis der Druck von 1013 Hektopascal auf 750 Hektopascal gesunken ist – was den Verhältnissen in 2500 Meter Höhe entspricht. Im Fachjargon sagt man: «Die Kammer wird evakuiert.»

Doch der dünnen Luft zum Trotz geht es den Implantaten weiterhin hervorragend, oder fachsprachlich ausgedrückt: Es passiert nichts. Die heute standardmäßig eingesetzten Silikonimplantate bestehen nämlich aus einem soliden Verbundgel, das sich von Druckunterschieden nicht beeindrucken lässt. Und das ist gut so, denn die Dehnungsfugen bei Flugzeugen werden mit einem ganz ähnlichen Stoff abgedichtet. Auch das Kochsalzimplantat reagiert

Nachgehakt

Der geringere Luftdruck an Bord eines hoch fliegenden Flugzeugs fällt vor allem an den kleinen Milchdöschen auf, deren Deckel sich nach oben wölbt. Es ist fast unmöglich, so einen Behälter zu öffnen, ohne dass Milch herausspritzt.
Auch Chips-Tüten werden in der Höhe gerne prall. Manchmal sogar so sehr, dass sie platzen.

Für Nochbesserwisser

Kochsalzimplantate werden heute kaum noch verwendet. Bleiben sie zwischen dem Befüllen und dem Einsetzen zu lange an der Luft liegen, können sie Luft aufnehmen, die sich dann bei einem Druckabfall tatsächlich ausdehnen könnte.

fast gar nicht. Zum Glück, ansonsten wären wir vermutlich schon alle zerplatzt. Immerhin bestehen unsere Körperzellen zum großen Teil aus salzigen Lösungen.

Nur der Luftpolster-BH hat seine Körbchengröße unübersehbar nach oben geschraubt. Das liegt an den beiden gasgefüllten Plastikkammern, die dem Druckunterschied zwischen innen und außen nachgeben und sich aufblasen wie zwei Luftballone. Im Extremfall können sie sogar platzen. Doch auch hier macht der Fortschritt nicht Halt, und es soll inzwischen Modelle geben, die auch bei Druckabfall dezente Größe wahren.

Brustimplantate können übrigens in ganz speziellen Situationen sogar von unerwartetem Nutzen sein. Als die Brasilianerin Jane Selma Soares bei einer Schießerei zwischen der Polizei und Drogenhändlern ins Schussfeld geriet, bekam sie eine Kugel in die Brust ab. Der behandelnde Arzt staunte nicht schlecht, als er feststellte, dass die Kugel in einem von Janes Implantaten stecken geblieben war und so die lebenswichtigen Organe nicht gefährdet hatte.

Gegenwärtig überlegt Herr Boning, ob dieses Ergebnis sich als Schutz vor Raubüberfällen und Mordanschlägen verwerten lässt. Schon als Junge hat er den größeren Kindern in der Schule immer zugerufen: «Ihr dürft mich nicht schlagen – ich trage eine Brille!». Bei seinem nächsten Streifzug durch die nächtliche Bronx wird er die marodierenden Gangs mit dem Satz «Ihr braucht gar nicht erst auf mich zu schießen – ich habe künstliche Brüste!» in die Flucht schlagen.

Menschliches und allzu Menschliches

Der Mensch – das unverstandene Wesen. Obwohl der Mensch auf Erden nicht gerade selten vorkommt und einige von uns selbst dieser Gattung angehören, steckt der possier-

liche Zweibeiner voll überraschender Wunder und Geheimnisse. So werden friedliche Exemplare urplötzlich zu reißenden Ungeheuern, sobald sie sich einem Ritual unterziehen, das Experten als «Steuererklärung» bezeichnen. Sie raufen sich dann wild schnaubend die wenigen im Laufe der Evolution übrig gebliebenen Haarbüschel, was einmal mehr beweist, dass diese Keratinstrukturen selbst außergewöhnlichen Belastungen standhalten. Die ungewohnte physische und psychische Anspannung bewirkt eine vermehrte Absonderung von Flüssigkeit, die abschreckende Duftstoffe enthält – vermutlich, um unbedarfte Artgenossen in dieser kritischen Situation zu warnen. Durchstößt jemand dennoch wagemutig oder nichts ahnend den olfaktorischen Bannkreis, brummt ihm womöglich der Verdauungstrakt des steuererklärenden Menschen eine letzte Warnung zu. Nach Abschluss der alljährlichen Selbstkasteiung narkotisiert das völlig erschöpfte Individuum in einem letzten, verzweifelten Akt geistiger Umnachtung seine gemarterten Hirnzellen mit alkoholischen Hochprozentika, die ihm am darauf folgenden Tag das wohlige Gefühl geben, einem Dinosaurier als Butterstampfer gedient zu haben. Wie gut, dass der fortgeschrittene *Homo clevericus!* über solch niedere Instinkte erhaben ist.

Wenn selbst das Deo nicht mehr hilft

Es soll ja Leute geben, denen gar nichts peinlich ist. Alle Nicht-Berufspolitiker beschleicht in bestimmten Situationen ein mulmiges Gefühl. Zum Beispiel beim ersten heimlichen Date mit der Freundin des Chefs. Umfragen zufolge ist es 57 Prozent der

Deutschen peinlich, wenn sie mit Schweißflecken vor ihr Date treten. Selbst der Spinatrest zwischen den Zähnen und das unerhörte Bäuerchen nach dem Diner müssen sich im Vergleich dazu mit den hinteren Rängen zufrieden geben. Wie schön wäre es doch, wenn der üble Schweiß sich wenigstens zeitweise abschalten ließe! Doch bei zwei bis drei Millionen Schweißdrüsen am menschlichen Körper ist an eine dauerhafte Kontrolle kaum zu denken. Hollywoods experimentierfreudige Schönheitselite hat immerhin in mutigen Selbstversuchen einen Weg gefunden, zumindest vorübergehend in keimfreier Trockenheit dazustehen.

Was verhindert die Schweißbildung unter den Achseln?

a) Aspirin (Einfach in einer Wanne voller Wasser auflösen und hineinhüpfen.)

b) Botox (Das Wundermittel gegen Falten spritzt auch die Schweißdrüsen in den Tiefschlaf.)

c) Hämorrhoidensalbe (Betäubung ist Betäubung … selbst unter der Achsel.)

Antwort: Lösung b ist richtig!

Das Nervengift Botox unterbricht die Signalübermittlung zu den Schweißdrüsen, die daraufhin für Monate die Arbeit einstellen.

Warum ist das so?

Es mag uns peinlich sein, doch eigentlich ist Schwitzen eine ganz natürliche und für einen gesunden Körper sogar notwendige

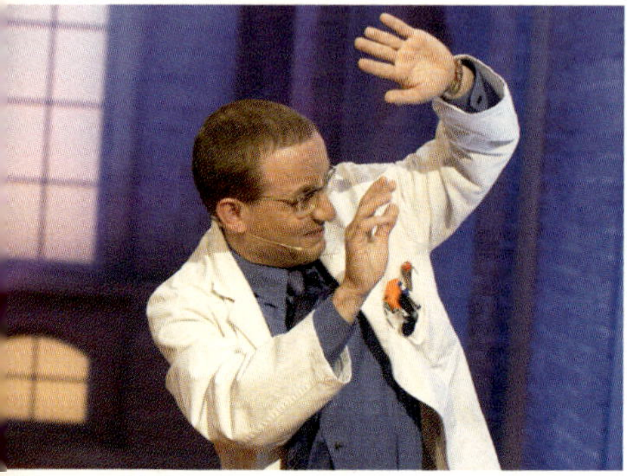

Angelegenheit. Stellen die Sensoren des Körpers fest, dass wir zu heiß laufen, schaltet er über Nervenzellen die Schweißproduktion an. Beim Verdunsten des Schweißes an der Haut kühlen wir allmählich wieder ab – ansonsten würde uns im Extremfall ein Hitzschlag drohen. Auf welchem Rang der Peinlichkeitsskala so ein Kollaps vor der Angebeteten steht, ist leider nicht bekannt.

Entgegen unseren Erwartungen ist der kühlende Schweiß, so wie er aus den Poren kommt, sogar geruchlos. Er besteht zu 99 Prozent aus Wasser, in dem Salze gelöst sind. An bestimmten Körperstellen haben Menschen aber besondere Schweißdrüsen, die gleichzeitig mit dem Wasser über 250 verschiedene Substanzen ausscheiden. Sie sitzen vor allem in den Achselhöhlen, im Genitalbereich und am äußeren Gehörgang. Machen sich Bakterien auf unserer Haut über diese Substanzen her, bleibt ein individueller Cocktail aus Fettsäuren und anderen nicht allzu lecker duftenden Parfümstoffen übrig. Was stinkt, sind also genau genommen nicht wir selbst, sondern die Abfallstoffe von Schweiß fressenden Bakterien.

Ein Aspirin-Bad hilft nicht dagegen. Dennoch schwören einige

Models auf eine solche Tablettenplanscherei. Allerdings nicht, um die Schweißproduktion zu unterdrücken, sondern um eine besonders samtig-weiche Haut zu bekommen. Beim Bayer-Konzern, aus dessen Haus das Aspirin stammt, löst diese Methode jedoch nur ungläubiges Kopfschütteln aus.

Die Hämorrhoidensalbe hilft auch nicht weiter. Sie enthält Wirkstoffe, die entzündungshemmend und schmerzstillend sind. Schützt beides nicht vor Schweißbildung. Dennoch schmieren sich alternde Schauspieler mitunter etwas davon unter die Augen. Aus bislang unbekannten Gründen lässt die Salbe nämlich kurzfristig kleinere Fältchen verschwinden. Vorausgesetzt, die gesunde Haut entwickelt nicht mit der Zeit eine Allergie gegen die konzentrierten Wirkstoffe. Dann gibt es nämlich lustige kleine Pusteln, und anstelle eines jugendlichen Liebhabers wird aus dem alternden Barden ein verpickelter Teenager.

Falten ist aber ein gutes Stichwort. Denn auch Botox hat seinen Siegeszug als Entknitterungsmittel begonnen. Die Substanz heißt in der Fachsprache Botulinumtoxin oder Botulismustoxin und ist eines der stärksten bekannten Gifte. In extrem verdünnter Form injiziert, wirkt es entspannend auf die kleinen Muskeln, die unserer Stirn ein Dauerrunzeln aufzwingen. Dafür unterbricht das Botox die Reizleitung von den Nervenzellen zu den Muskelzellen.

Normalerweise erhält die Nervenzelle von den Steuerzentralen im Gehirn oder Rückenmark ein elektrisches Signal und schüttet daraufhin den Botenstoff Acetylcholin aus, der dem Muskel das Kommando zur Kontraktion übermittelt. Genau hier setzt Botox

Für Nochbesserwisser

Bislang sind sieben verschiedene Varianten des Botulinumtoxins bekannt. Es handelt sich um Eiweiße, die sich zu leicht unterschiedlich gemischten Komplexen zusammenfinden.

an: Es verhindert die Freisetzung des Acetylcholins – da können wie wild Befehle eingehen, ohne Botenstoff kommt bei der Muskelzelle nichts an. Selbst dann nicht, wenn die botoxierte Schönheit es gerne hätte: Ein kleiner Ausrutscher bei der Injektion, und das Augenlid hängt, oder die Augenbraue sitzt schief.

Was ein Gesicht in entspannte Starre versetzen kann, funktioniert ebenso beim Schwitzen. Das Signal bleibt auf dem Weg zu den Schweißdrüsen stecken, und die Produktion ist somit lahm gelegt. Für bis zu neun Monate – dann hat der Körper das Botox endlich vollständig abgebaut. So eine biologische Klimaanlage lässt sich eben nicht einfach per Knopfdruck regeln.

clever! entdeckt

«Erfinder» von Botox ist das Bodenbakterium *Clostridium botulinum*. Gelangt es über unzureichend sterilisierte Lebensmittelkonserven in den menschlichen Körper, kann sein Gift tödlich wirken. Bereits ein Gramm reicht aus, um die gesamte Bevölkerung einer Großstadt zu vergiften.

Das Maß aller Männer

Herr Boning spricht zwar nicht gerne darüber, doch es passiert ihm immer wieder, dass andere Männer sich über seine Körpergröße lustig machen. Dabei hat es durchaus seine Vorteile, klein zu sein. In der Disco beispielsweise hat niemand sonst einen derart herrlichen Einblick, äh: Ausblick. Das darf natürlich keiner wissen – wie gesagt, schweigt Herr Boning lieber bei diesem Thema. Obwohl es eigentlich um rein mathematische Probleme geht: empirische Kurvendiskussion. Wie allgemein bekannt sein dürfte, denken Männer bei der Partnerwahl ausschließlich an das Wohl ihrer zukünftigen Nachkommen. Leider sind die wenigsten Frauen samstagabends bereit, einen kleinen Hormontest über sich ergehen zu lassen. Und so bleibt den zukünftigen Papas nichts anderes übrig, als sich voll auf die optischen Parameter zu konzentrieren. Eine ebenso verantwortungsvolle wie stressige Aufgabe. Männer haben es eben echt schwer.

Welche Frau ist, rein wissenschaftlich betrachtet, am fruchtbarsten?

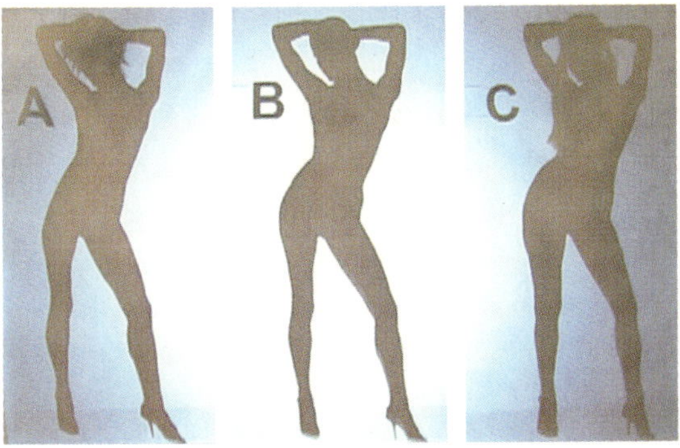

a) **Frau a** b) **Frau b** c) **Frau c**

Antwort: Lösung b ist richtig!

Das Geschlechtshormon Östradiol erreicht bei Frauen mit schlanker Taille und breitem Becken besonders hohe Werte und erhöht ihre Chancen, schwanger zu werden.

Warum ist das so?

Was schön ist, liegt im Auge des Betrachters – denken wir nur einmal an die Damen auf Bildern von Rubens. Dennoch meinen Wissenschaftler, ein Kriterium entdeckt zu haben, das quer durch alle Kulturen die Figur einer Frau für Männer attraktiv macht: das Verhältnis von Taille zu Hüfte. Teilen wir diese Maße durch einander und erhalten den Wert 0,7, haben wir das absolute Wow! vor uns. Deshalb bewirken die berühmten 90–60–90 mit ihrem Verhältnis von 0,67 so gerne geistige Totalaussetzer beim männlichen Geschlecht.

Aus biologischer Sicht ist das auch gar nicht so dumm. Polnische Wissenschaftler haben herausgefunden, dass Frauen mit schlanker Taille und breiter Hüfte besonders viel Östradiol im Blut haben. Dieses Geschlechtshormon ist nicht nur mit verantwortlich für die anziehenden Körpermaße, sondern geht außerdem mit einer höheren Fruchtbarkeit einher. Die Chancen kurvenreicher Frauen, schwanger zu werden, sollen zwei- bis dreimal größer sein als die ihrer konturlosen Geschlechtsgenossinnen.

Aber mal ehrlich: Männer achten bei der Partnerwahl doch auf so viel mehr – Humor, Ausgeglichenheit und vor allem innere Werte. Sie sind halt einfühlsam und sensibel. Nicht wahr?

Für Nochbesserwisser

Wie attraktiv Ihre Maße auf Männer wirken, können Sie leicht selbst berechnen: Taillenumfang in cm / Hüftumfang in cm = x
Je dichter x bei 0,7 liegt, umso näher sind Sie am optimalen Männertraum.

Bauchredner wider Willen

Scheinwerfer an. Kamera läuft. Noch 3 – 2 – 1 – Aufnahme! Frau Eligmann öffnet den Mund, doch der Bauch von Herrn Boning ist schneller: grmmmmbblll … «Schnitt! Hättest du nicht vor der Sendung noch schnell einen Happen essen können, Wigald? Die Zuschauer wollen gar nicht wissen, ob du gerade Hunger hast.»

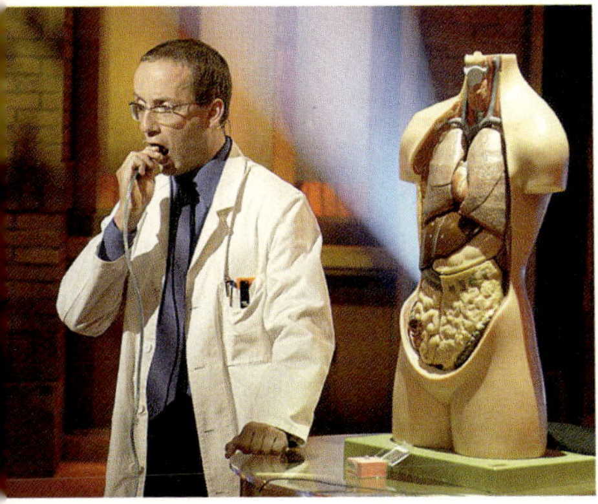

Immer auf die Kleinen! Als ob bei den großen Starken niemals der Magen knurren würde. Und außerdem hatte es in der Kantine Hackbraten gegeben – da würde sich selbst der Dackel vom Hausmeister beschweren. Überhaupt: Wen geht es eigentlich etwas an, wenn wir Kohldampf schieben? Oder hat das Rumpeln und Pumpeln in der Bauchmitte in Wahrheit ganz andere Gründe?

Wieso knurrt der Magen?

a) Der Verdauungstrakt reinigt sich gerade (Mit Hunger hat die Aktion genau genommen nichts zu tun.)

b) Es handelt sich um ein Hungersignal an das Gehirn (Woher sollen die kleinen grauen Zellen sonst wissen, dass dringend Nachschub benötigt wird?)

c) Das Signal geht an die Umgebung (Es ist ein Relikt aus Babyzeiten und bedeutet so viel wie: Füttert mich!)

Antwort: **Lösung a ist richtig!**

Muskeln befördern Reste aus Magen und Darm. Ist der Trakt dabei bis auf Flüssigkeit und Luft leer, entsteht das «Knurren».

Warum ist das so?

Unsere Verdauungsorgane sind von Muskeln umgeben, die unter der Kontrolle des vegetativen Nervensystems arbeiten, das nicht unserem Willen unterliegt. So ein autonomes Steuerungssystem ist hoch praktisch, denn ansonsten müssten wir ständig «Atmen, Herz schlagen, atmen ...» denken. Im schönen Rhythmus walken die Muskeln den Inhalt von Magen und Darm ordentlich durch und transportieren ihn in Richtung Ausgang. Besteht die Füllung jedoch nicht aus Fritten rot-weiß, sondern nur aus Luft und Verdauungssäften, gibt es ein Geräusch wie bei einem geschüttelten Dudelsack, der zur Hälfte mit Whiskey gefüllt ist. Der Verdauungstrakt verstärkt das Ganze wie ein Resonanzkörper, und so erfahren unsere Mitmenschen von der Aufräumaktion. Weil die Reinigung bevorzugt dann abläuft, wenn Magen und Darm gerade nicht verdauen und wir eventuell schon wieder hungrig werden, setzen wir Grummeln und Hunger einfach gleich, obwohl sie genau genommen nichts miteinander zu tun haben.

Das Gehirn erfährt nämlich durch Hormone in der Blutbahn vom drohenden Versorgungsengpass. Per Zuruf kommunizieren unsere Organe jedenfalls nicht miteinander (Antwort b).

Und aus Babysicht ist ein leises Knurren einfach nicht dramatisch genug, wenn es ums Essen geht (Antwort c). Um die Mama zu alarmieren, haben wir schließlich unser feines Gebrüll, das zur Not auch die ganze Nacht andauern kann.

Für Nochbesserwisser

Auch wenn wir von Magenknurren sprechen, entstehen die meisten Geräusche doch im viel agileren Dünndarm.

An den Haaren herbeigezogen

Das waren noch Zeiten, als Herr Boning mit wuscheligem Afro-Look die Friseure das Fürchten lehrte. Inzwischen ist die Pracht eher als windschnittig-minimalistisch zu bezeichnen. Was zählt, ist jedoch Qualität, nicht Quantität! Und wer jemals nach einer

stürmischen Nacht auf dem Promenadendeck eines Eisbrechers mit dem Kamm in seiner vom Wind verfilzten Wolle stecken geblieben ist, weiß, dass Haare eine Menge aushalten können. Wie viel, das überprüft clever! mit einem sensationellen Experiment: Ein Auto wird an einem Haarzopf in die Höhe gehoben. Selbstverständlich hätte Herr Boning ohne zu Zögern seine letzten Stoppeln der Wissenschaft geopfert, doch lässt sich beim besten Willen kein Knoten in seinen Schopf flechten. So versucht clever! mit einem prächtigen, frisch geschnittenen Zopf aus Frauenhaar sein Glück an einem PKW mit 1504 Kilogramm Leergewicht, den ein Gerüst von weiteren 250 Kilogramm im Gleichgewicht hält.

Wie lange kann dieser Zopf das Auto in vierzig Zentimeter Höhe halten?

a) Gar nicht (Haare sind schließlich nicht aus Stahlseil, auch wenn sie manchmal so aussehen.)

b) Höchstens 20 Sekunden (Denn Stärke und Ausdauer sind zwei unterschiedliche Dinge.)

c) Länger als 20 Sekunden (Womit sich eine verblüffende Lösung für die Parkplatznot in Innenstädten böte.)

Antwort: **Lösung c ist richtig!**

Rechnerisch kann ein Haarzopf sogar bis zu 10 Tonnen Gewicht tragen – allerdings nur für kurze Zeit.

Warum ist das so?

Haare verdanken ihre enorme Spannkraft und Reißfähigkeit einem speziellen Protein: dem Keratin. Eine ganze Reihe einzelner Pro-

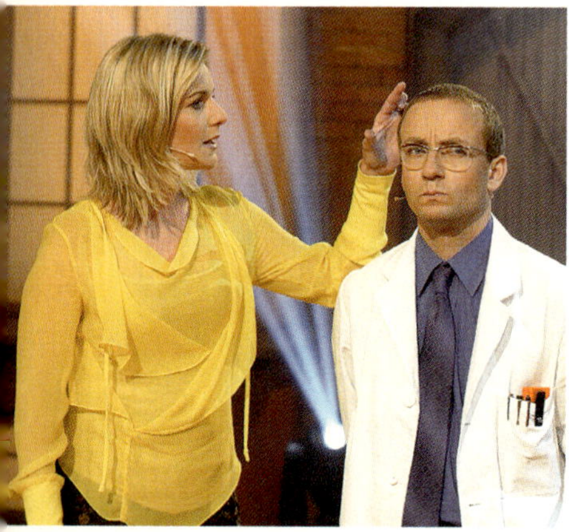

teinfäden, die über Zwischenbrücken miteinander vernetzt sind, verbindet sich darin zu einem Strang. So bündelt bereits ein einzelnes Haar die Kräfte und ist in der Lage, immerhin 65 bis 100 Gramm Gewicht zu tragen. Bei durchschnittlich 100 000 Haaren pro Kopf darf eine Last folglich 6,5 bis 10 Tonnen wiegen – weit mehr als jeder PKW. Allerdings sollten Sie Ihr Auto dennoch nicht zum Spritsparen an den Haaren hinter sich herziehen. Denn erstens würde Ihre Kopfhaut den Spaß nicht lange mitmachen (sicherlich ist Ihnen der Begriff «skalpieren» aus diversen Indianerfilmen bekannt), und zweitens dehnen sich die Haare durch die Belastung, bis sie schließlich doch reißen.

Die Produktionsstätte für die Stabilitätswunder auf unserem Haupt liegt in der Kopfhaut verborgen. In der Haarwurzel teilen sich die Zellen und stoffwechseln munter vor sich hin, wobei sie auch gelegentlich konsumierte Drogen oder Umweltgifte aufnehmen und für eine spätere Kontrolle in sich einschließen. Weil ständig neue Zellen nachwachsen, werden einige nach außen verschoben. Unterwegs verhornen sie und sterben ab. Was wir von unseren Haaren sehen, ist also nichts mehr als der tote Haarschaft. Zwei bis sechs Jahre lang wächst er tagtäglich um rund 0,3 Millimeter, bis der Nachschub weiterer Zellen zum Erliegen kommt. Drei Monate später verabschiedet sich das Haar und fällt mit durchschnittlich 50 bis 100 weiteren Haaren beim Kämmen aus. Erst ein Vierteljahr danach hat sich der zuständige Haarbalg erholt, und der Prozess geht von vorne los. Oder auch nicht, wie Herr Boning leidvoll zu berichten weiß.

Zum Trost für alle Herren mit freiem Blick auf die Kopfhaut erfüllen Haare heutzutage längst nicht mehr so viele wichtige Funktionen wie in unserer tierischen Vergangenheit. Als Anhangsgebilde der Haut sind sie verwandt mit den Schuppen von Reptilien und den Federn von Vögeln. Da ihre Wurzeln von kleinen Muskeln umgeben sind, können Fellträger ihr Haarkleid dicht anlegen oder mit seiner Hilfe isolierende Luft einschließen und so eine Art persönliches Mikroklima schaffen. Auch als leichter Stoßdämpfer eignet sich die Wollschicht. Und wenn der böse Bello

Für Nochbesserwisser

Im Durchschnitt tragen wir rund 100 000 Haare auf dem Kopf. Dabei ist die blonde Mähne am dichtesten (150 000), gefolgt von schwarzen (110 000) und braunen (100 000) Schöpfen. Das Schlusslicht bilden Rothaarige mit 75 000 Haaren. Umgerechnet auf die Fläche der Kopfhaut, sind das etwa 200 Haare pro Quadratzentimeter.
Bei einem monatlichen Wachstum von etwa einem Zentimeter pro Haar ergibt sich eine Gesamtproduktion (alle Haare zusammengenommen) von rund 12 Kilometer Haar pro Jahr!

von nebenan rüberkommt, lassen sich Haare herrlich aufstellen, um den Träger größer und gefährlicher wirken zu lassen. Bei uns Menschen sieht es dagegen wenig beeindruckend aus, wenn einem die Haare zu Berge stehen.

Zum Glück richten sich die Nasenhaare bei Gefahr nicht auf. Sie haben ebenso wie Ohrenhaare und Wimpern vielmehr die Aufgabe, die Öffnungen bzw. Augen vor Staub zu schützen. Und damit auch kein Schweiß den Blick trübt, halten die Augenbrauen alle Flüssigkeiten von oben zurück. Geradezu anrüchig wird es bei den Haaren in den Achselhöhlen und im Schambereich. Sie sollen die Sexual-Lockstoffe effektiver im Schweiß halten und in der Luft verteilen.

Bei aller Vielseitigkeit der Haare gibt es eines nicht: graue Haare. Der Eindruck eines grauen Schopfes ist eine optische Täuschung. In Wirklichkeit ist ein Teil der Haare weiß, weil die Produktion des dunklen Pigments Melanin mit dem Alter nachlässt und einige Haare darum keinen Farbstoff mehr enthalten. Auch eingelagerte Luftbläschen spielen dabei eine Rolle. Die Mischung mit den gewohnt dunklen Haaren ruft dann den Eindruck von Grau hervor. In welchem Alter die Versilberung startet, hängt von genetischen Faktoren ab. Während Afrikaner im Schnitt erst mit 44 Jahren auf dem Kopf ausbleichen, geschieht dies bei Asiaten mit 40 und bei Europäern mit 34. Kleiner Tipp von Herrn Boning: Je kürzer die Haare sind, umso weniger fällt das Ergrauen auf.

Nachgehakt

Entgegen einem weit verbreiteten Vorurteil sind dunkle Haare nicht unbedingt dicker als helle. Vielleicht stammt der Irrglaube daher, dass die meisten Messungen mit dunklen asiatischen Haaren vorgenommen wurden, die im Schnitt dicker sind als europäische Haare und damit auch mehr aushalten. Es gibt aber auch Brünette mit dünnen und Blondinen mit kräftigen Haaren.

Echt ätzender Magensaft

Nehmen Ihre Kinder auch alles in den Mund? Oder gehören Sie zu denjenigen Eltern, die es vorzugsweise mit Fremdkörpern in der Nase zu tun haben? Kaum zu glauben, was mit ein wenig Übung im Handumdrehen von der Bildfläche verschwindet. Wenn Ihr

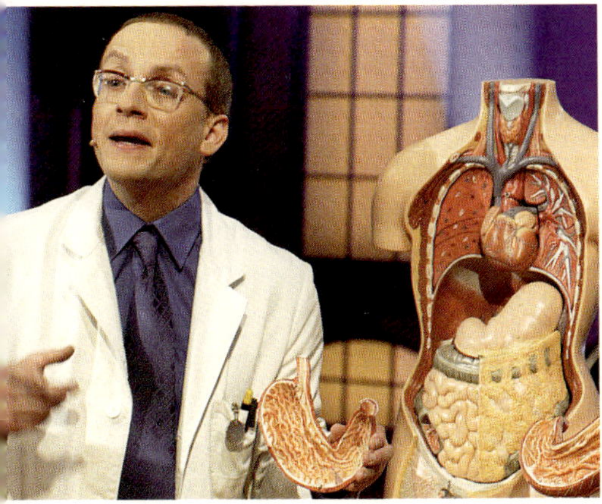

Sprössling über viele Jahre hinweg fleißig bleibt, tritt er oder sie eines Tages womöglich als Schwertschlucker oder Allesfresser im Zirkus auf und verschlingt dort neben zersägten Jungfrauen, Autoschlüsseln und Nachtgeschirr auch kiloweise Rasierklingen. Schließlich plätschert in unserem Magen Salzsäure vor sich hin. Wie die mit dem Eisen für den kratzbürstigen Mann umspringt, überprüft clever! in diesem ätzenden Versuch. Allerdings nicht im Magen, sondern im Becherglas – Herr Boning verträgt kein scharfes Essen.

Was wird am schnellsten von Magensäure zersetzt?

a) Ein Stück Gänsebraten (Darauf ist unser Magen schließlich seit unzähligen Weihnachtsfeiern trainiert.)

b) Ein Kaugummi (Sonst würde der jugendliche Stuhlgang mitunter Blasen werfen.)

c) Eine Rasierklinge (Bei Eisen kennt die Säure kein Pardon.)

Antwort: **Lösung c ist richtig!**

Die Magensäure löst innerhalb von Minuten die Eisen-Atome aus der Stahlklinge heraus.

Warum ist das so?

Wer auf der Suche nach einem wirklich ungemütlichen Ort ist, sollte unbedingt einen Blick in den eigenen Magen werfen. Hier herrschen Bedingungen, die selbst den meisten hartgesottenen Bakterien das Grausen lehren. Und genau das beabsichtigt Mutter Natur auch, wenn sie unseren Verdauungssack mit einem Gemisch aus Salzsäure und einem Enzym namens Pepsin füllt. Die beiden sollen in Teamarbeit alles mehr oder weniger Essbare desinfizieren und anschließend für die weitere Verdauung im Dünndarm vorbereiten. Damit das klappt, ist das Pepsin speziell an die Säure angepasst. Immerhin ist es ein Eiweißstoff, und Eiweißstoffe können solche Bedingungen normalerweise nicht überstehen. Das Pepsin hingegen fühlt sich erst richtig wohl, wenn selbst Chemiker von «sehr saurer» Lösung sprechen. Es trennt dann zusammen mit der Säure die Ketten der eingehenden Eiweiße an bestimmten Stellen durch und macht sie dadurch ein wenig handlicher für die Darmkollegen.

Dieses Schicksal ereilt auch den Gänsebraten in unserem Experiment, zu erkennen an einem leicht ausgeflockten Rand. Allerdings verhindert der hohe Fettanteil, dass die Salzsäure richtig an das Fleisch herankommt. Darum kann uns fettes Essen durchaus bis zu zwölf Stunden im Magen liegen. Ganz anders als die Maß Bier also, die zischt nämlich in wenigen Minuten durch und möchte kurz darauf den Körper ganz verlassen.

Noch weniger kann die Säure mit dem Kaugummi anfangen. Im Laufe unserer Evolution ist es einfach nicht vorgekommen, und deshalb brauchte niemand einen passenden Verdauungssaft. Das Kaugummi kommt letztlich wieder so heraus, wie es hineingegangen ist. Nur das Aroma hat sich drastisch geändert.

Der Rasierklinge geht es hingegen richtig an den Kragen. Bereits nach wenigen Minuten zeigen sich die ersten Spuren. Die Salzsäure trennt die Eisen-Atome aus dem Stahl heraus, die daraufhin als gelöste Ionen unsichtbar in der Flüssigkeit herumschwimmen. Im Prinzip der gleiche Vorgang wie beim Verrosten,

Für Nochbesserwisser

Damit Pepsin und Salzsäure nicht irrtümlich den Magen verdauen, ist dessen Wand mit einer schützenden Schleimschicht ausgekleidet. Die Pepsin produzierenden Zellen stellen außerdem nur eine inaktive Vorform des Enzyms her. Erst die Salzsäure im Magensaft wandelt es in die aktive Form um.

nur viel, viel schneller. Dem Kohlenstoffanteil im Stahl setzt die Säure nicht zu, und so bleibt dieser in Form von kleinen dunklen Krümelchen in der Lösung zurück und färbt sie langsam dunkel.

Nun holt der gewöhnliche Büromensch sich seine Extraportion Eisen nur selten aus Rasierklingen und Zimmermannsnägeln. Dennoch ist er auf regelmäßigen Nachschub angewiesen. Etwa vier bis fünf Gramm des Metalls hat unser Körper aufzuweisen, das meiste davon im Blut, wo es den Sauerstoff auf seinem Weg von den Lungen zu Hirn und Muskeln bindet. Als zentraler Bestandteil

clever! zu Hause

Für Experimente am Küchentisch empfehlen sich anstelle der hammerharten Salzsäure die sanftere Essigessenz oder gewöhnlicher Weinessig. Das ist genauso eindrucksvoll, dauert allerdings länger. Legen Sie zum Beispiel eine verdreckte Cent-Münze für eine Stunde in Essig – Sie werden sehen, wie einfach Geldwäsche sein kann.

des Hämoglobins gibt es dem Blut sogar seine rote Farbe. Mangelt es an Eisen, entsteht eine Anämie. Besonders Frauen mit starken Regelblutungen sind davon häufiger betroffen, aber auch Vegetarier müssen aufpassen, denn eine der Hauptquellen für unser täglich Eisen ist das Fleisch. Wer davon nichts essen mag, kann zum Beispiel auf Hülsenfrüchte wie Bohnen und Linsen ausweichen. Die stellen mit unserem Verdauungstrakt bekanntlich auch lustige Sachen an.

Das Mittel gegen dicke Kater

Im Schädel hämmert es wie verrückt, Ihnen ist übel, alles dreht sich, und überhaupt fühlen Sie sich hundsmiserabel. Falls Sie nicht zum Teamchef der deutschen Fußballnationalmannschaft berufen wurden und gerade das erste Spiel Ihrer Millionäre miterlebt haben, gibt es dafür nur eine Erklärung: Sie haben gestern ein paar Gläschen zu viel gekippt, und nun folgt zur Strafe der große Katzenjammer. Besonders bei Studenten soll das heulende Elend sehr häufig vorkommen, weshalb der Begriff «Kater» oder «Katzenjammer» in Anlehnung an das Gejaule paarungswilliger Samtpfoten vermutlich aus dem Jargon der saufenden Verbindungen auf das zechende Zivilgelage des Alltags übertragen wurde. Was das clever!-Team aber viel mehr interessiert, ist ein Mittel gegen die selbst verschuldete Not. Außer spartanischer Enthaltsamkeit, natürlich.

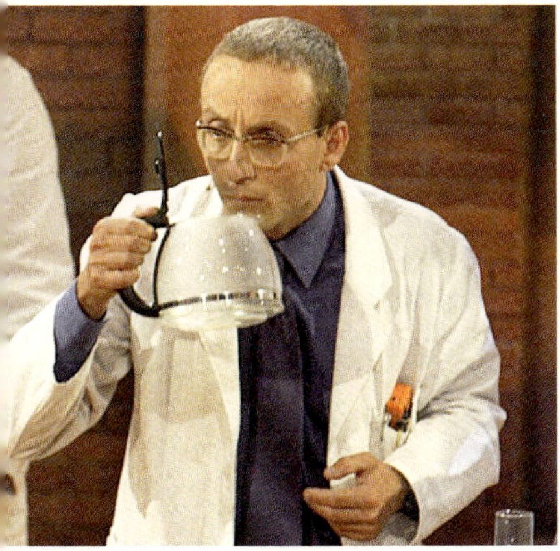

Was hilft womöglich gegen einen «Kater»?

a) Honig (Vor dem Schlafengehen einen Löffel voll – damit versüßt man sich zumindest das Elend.)

b) Gesalzener Kaffee (Koffein macht munter, und das Salz gleicht den Mineralstoffverlust aus.)

c) Ein eiskaltes Fußbad (Wer davon keinen Schnupfen kriegt, ist schlagartig nüchtern und hellwach.)

Antwort: **Lösung a ist richtig!**

Der Fruchtzucker im Honig treibt den Abbau des Alkohols an.

Warum ist das so?

Obwohl unsere Gesellschaft seit Jahrtausenden munter mit der Rauschdroge Alkohol experimentiert, weiß man bislang erstaunlich wenig über deren Nebenwirkungen im Körper. Etwa zwei

Minuten braucht der Alkohol, um in die Blutbahn und damit praktisch in jede Ecke des Organismus zu gelangen. Und dann geht es rund: Die Moleküle bringen die Aktivität der Nervenzellen ordentlich durcheinander und pfuschen im Hormonhaushalt herum. Das kann zunächst durch Ausschüttung biochemischer Glücksboten wie Dopamin, Serotonin und Endorphinen eine wunderbare Euphorie bewirken, aber schon bald ist Schluss damit. Der Alkohol hemmt die Gehirnaktivität auf allen Ebenen. Die Plaudertasche des Abends schläft deshalb mitten im Satz ein und schnarcht uns die Ohren voll.

Woher allerdings am folgenden Morgen die Mietzekatze in unserem Kopf stammt, ist noch weitgehend ungeklärt. Eine Theorie macht den Flüssigkeitsverlust dafür verantwortlich. Alkohol unterdrückt nämlich das Hormon Vasopressin, dessen Aufgabe es ist, das Wasser im Körper zu halten. Deshalb besuchen wir auf Feiern so häufig das stille Örtchen. Dort fließen natürlich mit dem Wasser auch Mineralstoffe in die Kanalisation – der doppelte Verlust lässt das Gehirn schrumpfen, was zu den kräftigen Kopfschmerzen führt. Zum Katerfrühstück einen Rollmops oder andere nährstoffreiche Kost zu essen, ist daher ein gutes Mittel, um den Mineralstoffhaushalt wieder ins Gleichgewicht zu bringen. Besser jedenfalls als Kaffee mit Salz, denn der flutscht im Wesentlichen gleich durch und hilft darum herzlich wenig.

Andere Befunde weisen auf die Begleitstoffe im Drink als Verursacher des Katzenjammers hin. Denn die Symptome bleiben uns noch erhalten, wenn das Ethanol – so heißt unser kulinarischer Alkohol in der Fachsprache – schon längst aus dem Körper raus ist. Allerdings gibt es dann noch Reste des giftigen Alkohols Methanol, und erst wenn die verschwunden sind, geht es uns wieder besser. Darüber hinaus haben Versuche mit Freiwilligen eine Hitliste der katerverursachenden Alkoholika ergeben, in der Getränke mit dem höchsten Methanolgehalt ganz oben stehen: Besonders heftig wirkt Kognak, gefolgt von billigem Rotwein, Rum, gutem Rotwein, Whiskey, Weißwein, Gin und Wodka, der angeblich nur leichtes Kopfweh verursachen soll.

Eine dritte Theorie macht das Zellgift Acetaldehyd für den Kater verantwortlich. Es entsteht, wenn sich das Enzym Alkoholdehydrogenase (ADH) in der Leber über das Ethanol hermacht. Ein weiteres Enzym mit dem ebenso wohlklingenden Namen Aldehyddehydrogenase (AlDH) wandelt das Acetaldehyd dann in ungiftige Essigsäure um, die mit dem Urin ausgeschieden wird. Diesen Schritt soll der Löffel Honig beschleunigen. Er enthält den Fruchtzucker Fruktose, für dessen Abbau die Enzyme eigentlich zuständig sind. Die Anwesenheit der Fruktose gibt den Körperzellen

Nachgehakt

Für die Behandlung von Alkoholsucht nutzen Therapeuten die Auswirkungen des Acetaldehyds, indem sie Wirkstoffe verabreichen, die das abbauende Enzym (AlDH) hemmen. Dadurch bekommen die Patienten einen so schlimmen Kater, dass sie freiwillig keinen Tropfen mehr anrühren.

das Signal: Es gibt ordentlich etwas zu tun! Der biochemische Apparat zum Fruktoseverzehr wird angeworfen und ganz nebenbei das unangenehme Acetaldehyd umgesetzt. So könnten der Alkohol und seine Abbauprodukte am nächsten Morgen schon weitgehend verschwunden sein.

Apropos «verschwunden»: Eines der besten Mittel gegen Kater ist ein morgendlicher Spaziergang an der frischen Luft. Die ganze biochemische Aufregung verschiebt nämlich ein entscheidendes Gleichgewicht in den Zellen. Dort transportiert die Substanz Nicotinsäureamiddinucleotid Elektronen hin und her, je nach Bedarf. Nach heftigem Alkoholkonsum und eventuellem Honiggenuss ist das Transportsystem jedoch voll beladen und ebenso arbeitsunfähig wie wir. Um wieder in Schwung zu kommen, muss es die überschüssigen Elektronen abgeben, und das geht am besten an den Sauerstoff.

Statt sich ein Taxi zu rufen, sollten Sie also den Weg nach Hause lieber zu Fuß zurücklegen, dann geht es Ihnen bald besser. Vorausgesetzt natürlich, Sie haben eine ungefähre Vorstellung, in welcher Richtung Ihr Zuhause liegt.

Für Nochbesserwisser

Alkohol wird zu 90 bis 95 Prozent in der Leber abgebaut – im Schnitt 0,15 Promille pro Stunde. Bis zu 5 Prozent atmen wir als «Fahne» aus, 1 bis 2 Prozent werden ausgeschwitzt, und etwa 2 Prozent verlassen unverändert mit dem Urin den Körper.

Auf die Pelle gerückt

Was halten Sie eigentlich von Badestränden, an denen die Sonnenanbeter so dicht liegen, dass sie sich auf Kommando umdrehen müssen? Ist doch ein wunderbar heimeliges Gefühl: hauteng eingeklemmt zwischen zwei schwitzenden Mitmenschen.

Herr Boning verbringt jedes Jahr seinen halben Urlaub mit der Suche nach solch lauschigen Plätzen. Da mögen andere Leute ruhig auf Abstand stehen und hinter muschelbesetzten Sandburgmauern grimmig nach potenziellen Zeh-über-die-Grenze-Streckern Ausschau halten. Wie dicht uns andere auf die Pelle rücken dürfen, ist jedoch nicht nur individuell unterschiedlich, sondern hängt außerdem vom jeweiligen Kulturkreis ab. Und wehe, es überschreitet jemand die so genannte Intimdistanz …

Bei welchem Abstand beginnt in unserem Kulturkreis die Intimdistanz?

a) Bei 80 Zentimetern (Alles, was in Reichweite eines rechten Hakens kommt, ist zu dicht.)

b) Bei 50 Zentimetern (Näher darf nur, wen Herr Boning wirklich ausgesprochen gerne mag.)

c) Bei 20 Zentimetern (Auf Nasenhöhe gemessen, denn die Füße haben bei dieser Entfernung schon Kuschelkontakt.)

Antwort: Lösung b ist richtig!

Als territoriales Wesen braucht der Mensch einen Mindestabstand, um bei eventuellen feindlichen Absichten noch reagieren zu können.

Warum ist das so?

Bevor ich nicht sicher weiß, was du vorhast, bleibst du gefälligst

auf Abstand! – So in der Art denken wir im Unterbewusstsein, wenn sich eine andere Person nähert. Anthropologen, die das Verhalten der Menschen erforschen, unterscheiden gleich vier Distanzzonen:

- In der Öffentlichkeit ist eine Distanz von bis zu drei Metern zu unserem Gegenüber angebracht. Sie gilt für Situationen vor einer Gruppe, beispielsweise bei Ansprachen oder Unterricht.
- Die gesellschaftlich-wirtschaftliche Distanz bis anderthalb Meter nehmen wir bei offiziellen Anlässen wie Geschäftsfeiern ein.
- Auf die persönliche Distanz bis zu einem halben Meter darf man sich bei persönlichen Gesprächen herantrauen.
- Die intime Distanz von 0,5 Metern oder weniger akzeptieren wir dagegen nur bei sehr engen Freunden, Partnern und Kindern.

Diese Werte gelten jedoch nur für unseren Kulturkreis der Nicht-Kontakt-Staaten, zu denen auch nordeuropäische Länder und die USA zählen. In den Kontakt-Staaten wie Italien, der Türkei sowie in arabischen und lateinamerikanischen Ländern fühlt man sich hingegen mit mehr Tuchfühlung wohler.

Für Nochbesserwisser

Dompteure nutzen das Spiel mit der Distanz zum Steuern von Löwen. Gehen sie auf das Tier zu, weicht es zurück, um einen Abstand von vier bis sechs Metern zu wahren. Ist das wegen der Gitterstäbe nicht mehr möglich, nähert es sich seinerseits dem Menschen. Jetzt zieht sich der Dompteur so zurück, dass der Löwe auf seinem Weg auf ein Podest klettert. Ein paar schnelle Schritte für eine große Distanz – und der Löwe sitzt dort, wo er sein sollte.

Probleme gibt es dann, wenn Vertreter aus den beiden Gruppen aufeinander treffen. So kann ein Brasilianer im Laufe eines Gesprächs einen US-Amerikaner ungewollt durch den ganzen Raum treiben. Während der eine ständig nachrückt, um einen persönlichen Bezug herzustellen («Ich beiße doch nicht»), bemüht sich der andere um eine für ihn angenehme größere Distanz («Rück mir nicht so auf die Pelle»).

Aus unserer Sicht extrem ist die Situation bei den Japanern. Obwohl sie auf uns zunächst einen unnahbaren Eindruck machen, sind sie an das Leben auf engstem Raum gewöhnt. Im Vergleich zur Einwohnerdichte in Tokio (5800 Menschen pro Quadratkilometer) ähnelt die in Berlin (4000 Menschen pro Quadratkilometer) geradezu der der offenen Prärie. Und das Gedränge in japanischen Bädern oder U-Bahnen würde selbst bei Sardinen klaustrophobische Anfälle auslösen. Kein Wunder, dass die japanische Sprache über keinen äquivalenten Begriff zum deutschen Wort «Privatsphäre» verfügt.

Von Federvieh und anderen tierischen Helden

Dass Tiere die besseren Menschen sind, wissen wir spätestens seit Lassie. Darum leben wir ja so gerne mit unseren gefiederten, behaarten oder geschuppten Freunden zusammen. Die machen wenigstens kein Theater, wenn es um die Wahl des Fernsehprogramms am Samstagabend geht – abgesehen vom Wellensittich, der ja immer lautstark seinen Senf dazugeben muss. Unsere Liebe zum Tier hat inzwischen längst die Grenzen von Hund, Katze und Meerschweinchen gesprengt. Das Schild «Vorsicht! Hungriges Krokodil!» ist doch auch viel eindrucksvoller als das übliche «Hier wache ich» mit dem Konterfei der Schwiegermutter. Außerdem bleibt die Urzeitechse selbst bei stärksten Regenfällen draußen und bewacht dann die Nachbargärten gleich mit. Sogar die Kleinsten unter den geliebten Mitbewohnern machen sich gerne nützlich im Haushalt. Spinnen etwa sind hervorragende Detektoren für Rauschdrogen. Einfach den pubertierenden Sohnemann mit seinen Tellerpupillen auf den Achtbeiner hauchen lassen und anschließend die Geometrie des Spinnennetzes studieren – schon wissen Sie, womit Ihr Sprössling sich gestern in der Disco ernährt hat. Sollte das Ergebnis Ihnen die Zornesröte ins Gesicht treiben, machen Sie sich nichts draus. Auf diese Weise sparen Sie sich zumindest die Anschaffung eines Chamäleons.

Eleganter Schritt mit wippenden Köpfen

Huhn, du hast die Gans gestohlen! – Von dieser Missetat weiß schon das alte Kinderlied zu berichten. Als Beweisstück eins legt Inspektor Fuchs einen Film der Überwachungskamera vor, auf dem klar und deutlich ein maskierter Räuber mit einer äußerst merkwürdigen Gangart zu sehen ist. Während seine Füße ein Stückchen vorlaufen, verharrt der Kopf zunächst an Ort und Stelle, um schließlich mit einem flinken Ruck nach vorn zu schnellen. Ein Spielchen, das sich bei jedem Schritt wiederholt. Dem geneigten Betrachter ist sofort klar: So schreitet nur ein Huhn! In die Ecke gedrängt, gesteht das arme Hühnchen unter Tränen, dass es sich heimlich nachts aus dem Stall schleicht, um bei Hahnenkämpfen im Nachbarhof zuzuschauen. Ein zwar moralisch verwerfliches, aber keineswegs illegales Hobby. Das Huhn wird mangels Verbrechen freigesprochen, der Fuchs sieht seine Träume vom gegrillten Broiler schwinden, und das Publikum freut sich schon auf die DVD mit ausführlichem «Making-of». Sie sehen schon: Henne gut, alles gut! Nur eine Frage ist noch offen:

Warum wackeln Hühner beim Gehen mit dem Kopf?

a) Es handelt sich um Balzgehabe (Warum soll nicht die Dame mal um den Herrn werben?)

b) Die Tiere sehen so besser (Eine Brille für Hühner wäre ja auch komisch.)

c) Der Pickreflex wirkt auch im Gehen (Für den Fall, dass es Körner regnen sollte.)

Antwort: Lösung b ist richtig!
Weil Hühner ihre Augen kaum bewegen können, halten sie während des Gehens den Kopf still, um ein scharfes Abbild der Umgebung zu bekommen.

Warum ist das so?

Augen sehen, indem sie mit der Linse ein Abbild der Umgebung auf die lichtempfindliche Netzhaut projizieren. Damit die Sinneszellen Zeit zum Reagieren haben und das Gehirn Gelegenheit zum Verarbeiten der Informationen hat, muss das Abbild zumindest kurzfristig stabil sein. Heftige Bewegungen stören dabei und sind zu vermeiden. Wir Menschen fixieren dafür einen Gegenstand und gleichen Wackeleien durch schnelle Bewegungen mit den Augen aus. Der Blick haftet quasi an dem Gegenstand.

Bei Hühnern funktioniert das anders: Ihre Augen sind fast starr. Kompensatorische Bewegungen mit den Augen sind also nicht drin. Diese Aufgabe übernimmt deshalb der Kopf. Solange er ruhig steht, hat der Vogel Zeit, die Umgebung auf sich wirken zu lassen. Die unvermeidliche Zwischenphase beim Gehen minimiert das Huhn durch einen fixen Ruck in die neue Position, damit der Kopf in der Nähe des Körpers bleibt. Auf diese Weise verhindern die Tiere, dass ihnen beim Gehen übel wird und sie sich in den Stall übergeben.

clever! zu Hause

Der Effekt lässt sich auf jedem Kinderspielplatz mit Karussell an uns Menschen beobachten. Setzen Sie sich dafür zu zweit hinein und bringen Sie das Spielgerät zum Drehen. Wenn Ihr Gegenüber nach draußen auf den Spielplatz schaut, springen seine Augen in kleinen Rucken vorwärts, während er Punkt für Punkt die Umgebung betrachtet.

Acht Beine unter Drogen

Sind Sie ein Freund langer, schlanker Beine? Dann wird Ihnen das folgende Experiment sicherlich besonders gefallen – unsere Testkandidaten haben nämlich gleich acht davon. Und mit ziemlicher Sicherheit wohnt auch in Ihren vier Wänden irgendwo eine dieser grazilen Schönheiten. Spinnen begegnen uns nicht nur an den verschiedensten Orten, sie sind auch ausgesprochen vielseitig: Sie springen ihre Opfer an, fangen sie mit dem Lasso, tauchen aus verborgenen Gängen auf, lauern unter Blütenblättern – und vor allem bauen sie herrliche Netze. O. K., direkt vor dem Fernseher findet selbst Herr Boning die Radspiralen aus Spinnenseide ein klein wenig störend. Aber früh am Morgen mit Tautropfen behangen oder abends im Gegenlicht gefallen diese ästhetischen Meisterwerke tierischer Baukunst sogar Frau Eligmann. Eine wundervolle Geometrie, die voraussetzt, dass der Konstrukteur einen klaren Kopf behält. Ansonsten können die Fäden sich fürchterlich verheddern.

Welches Netz ist nach dem Konsum von Koffein gewebt worden?

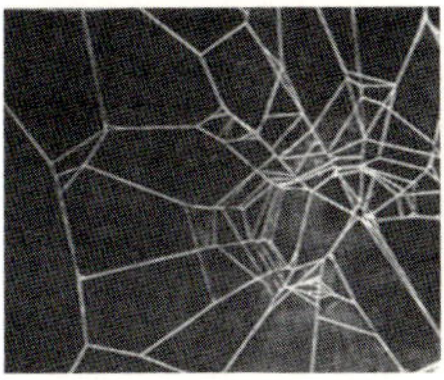

a)

b)

c)

Antwort: **Lösung a ist richtig!**

Obwohl Koffein aus unserer Sicht die harmloseste der getesteten Drogen ist, können Spinnen unter seinem Einfluss keinen klaren Faden mehr spinnen.

Warum ist das so?

Die Geschichte der berauschten Spinnen nahm ihren Anfang im

Jahr 1948, als der Zoologe Hans Peters sich ärgerte, weil seine Lieblinge ihr Netz partout um vier Uhr morgens bauen wollten. Ein ordentlicher Wissenschaftler pflegt um diese Uhrzeit den Schlaf des Zerstreuten zu genießen – sollten doch die blöden Viecher ihren Rhythmus ändern, damit Peters den Netzbau filmen und studieren konnte. Weil selbst intensives Zureden keinen akzeptablen Kompromiss brachte, trug Peters das Problem dem Pharmakologen Peter Witt vor. Nichts leichter als ein Griff in den Giftschrank, antwortete dieser, und im Handumdrehen servierten die beiden Forscher den Spinnen leckere Zuckersüppchen mit eingemixten Aufputschmitteln: Strychnin, Morphium und Dextroamphetamin (Speed). Das führte zwar nicht dazu, dass die Spinnen ihren Arbeitstag später anfingen, dafür sahen ihre Netze plötzlich bizarr und wirr aus. Als aufgewecktes Kerlchen startete Witt nun eine ganze Versuchsreihe, in welcher die Achtbeiner Bekanntschaft mit dem gesamten Sortiment der psychodelischen Pharmazeutika machten. Doch obwohl Witt fleißig dealte und seine Kundschaft aufmerksam beobachtete, stellte er schließlich fest, dass Spinnennetze keine geeigneten Indikatoren für chemische Substanzen sind – ein Ergebnis, das die Raumfahrtbehörde NASA in den 1990er Jahren bestätigte.

Zwischen einigen Drogen kann man aber tatsächlich anhand des Netzbaus unterscheiden. So schaffen Spinnen unter dem Einfluss von LSD (Abbildung b) das Werk mit dem höchsten Grad an Perfektion. Nur schade, dass sie dabei häufig vergessen, die wichtigen Fangfäden einzufügen. Uns Menschen veranlasst das Halluzinogen ebenfalls zu absurden Aktivitäten wie Diskussionen mit nackt auf der Straße tanzenden Laternenpfählen.

Beliebt scheint auch Haschisch (Abbildung c) zu sein. In einer kurzen Euphorie weben die Spinnen rasant los, vergessen dann aber offenbar, wozu sie eigentlich auf der Welt sind und welchem Zweck das Universum dient. Jedenfalls brechen sie ihr Werk mittendrin ab.

Nachgehakt

Die Astronauten an Bord des Weltraumlabors Skylab wollten 1973 mit den Kreuzspinnen «Arabella» und «Anita» den Netzbau in der Schwerelosigkeit erforschen. Dummerweise hatten sie das Futter vergessen. Die Spinnen vertrockneten deshalb und standen für weitere Experimente nicht mehr zur Verfügung.

Noch planloser arbeiten Spinnen mit Speed im Körper. Zum Fliegenfangen taugt so ein Netz dann gar nicht mehr, dafür dürfte es in einer Auktion abstrakter Kunst einen hohen Preis erzielen.

Weniger avantgardistisch gerät die Falle unter Einwirkung von Meskalin. Eher klein und unregelmäßig, scheint das Netz der Spinne selbst nicht zu gefallen, sie verliert die Lust und schmeißt die Arbeit mittendrin hin.

Gibt man einer Spinne Schlafmittel, sieht der Anfang recht viel versprechend aus: Von einer erkennbaren Mitte ziehen sich die

Radialfäden nach außen. Weiter kommt das Tier bloß nicht, denn mitten im Arbeiten schläft es ein.

Das chaotischste Netz entsteht aber nach einer Dosis Koffein (Abbildung a): Nichts passt zusammen, überall Löcher. In freier Wildbahn liefe so eine Pfuscherei auf Tod durch Verhungern hinaus. Erstaunlich, wo doch für uns Menschen Koffein die harmloseste Droge aus der Sammlung ist. Aber obwohl die Nervenzellen von Spinnen und Menschen auf zellulärer Basis im Wesentlichen gleich funktionieren, haben die Nervensysteme doch völlig unterschiedliche Aufgaben.

Wenn Sie sich nach so viel Drogenlektüre jetzt unbedingt berauschen wollen, dann hat Herr Boning einen heißen Tipp für Sie, den unsere Spinnen garantiert nicht getestet haben: leckere Vollmilchschokolade mit ganzen Nüssen! Wer davon hippelig wird, zappelt sich wenigstens die Kalorien gleich wieder runter.

Für Nochbesserwisser

Spinnenfäden bestehen aus Protein und gehören zu den Seiden. Ein einzelner Faden misst nur 0,5 bis 5 tausendstel Millimeter im Durchmesser. Dennoch ist er so stabil, dass ein fingerdickes Seil davon einen startenden Düsenjet zurückhalten könnte. Wegen ihrer ungewöhnlichen Eigenschaften arbeiten Forscher daran, die Seidenproteine von gentechnisch veränderten Kartoffeln oder Ziegen produzieren zu lassen. Den eigentlichen Erfinder in Farmen zu züchten ist nämlich leider unmöglich – die Spinnen fressen sich dort gegenseitig auf.

Zum An-die-Decke-Gehen

An manchen Tagen würde Herr Boning am liebsten die Wände hochgehen. Schon beim Frühstück gibt es Ärger, weil der Eierkocher mal wieder explodiert ist. Im Briefkasten finden sich nur die üblichen Hilferufe verzweifelter Professoren und Heiratsange-

bote total ausgeflippter Supermodels, aber nicht das heiß ersehnte Netzwerkkabel. Der Zeitungsjunge hat versehentlich schon die Ausgabe von übermorgen ausgeliefert, was besonders beim Lottospielen die ganze Spannung verdirbt. Auf dem Weg zur Arbeit will der Fahrkartenautomat nur noch Tickets nach Middlesix in Ohio verkaufen. Der Aushilfspförtner weist Herrn Boning dreimal ab, weil Minderjährige ohne Sondergenehmigung das Studio nur in Begleitung ihrer Eltern betreten dürfen. Und beim Versuch, vor Wut wirklich an die Decke zu gehen, stellt der clever!-Chefwissenschaftler fest, dass die Wände frisch gestrichen sind und die Putzfrau das Warnschild schon weggeworfen hat. Was soll's? Zum perfekten Fassadenkletterer hätte Herr Boning es eh nicht gebracht. Dafür brauchte er schon Füße wie ein Gecko.

Welches Prinzip bietet dem Gecko sogar an einer Glaswand festen Halt?

a) Das Prinzip der Frischhaltefolie (Bei maximaler Ausnutzung der Oberfläche reichen auch schwache Kräfte.)

b) Das Prinzip des Saugnapfs (Diese Methode hat sich technisch bei Handtuchhaltern und Kinderpfeilen bewährt.)

c) Das Prinzip des Klebstoffs (Feine Drüsen sondern ein Sekret ab, gegen das Zweikomponentenkleber alt aussieht.)

Antwort: Lösung a ist richtig!

Die Füße des Geckos sind mit feinsten Härchen besetzt, die jede Unebenheit des Untergrunds ausgleichen.

Warum ist das so?

Das Geheimnis der Geckofüßchen offenbart sich erst unter dem Elektronenmikroskop. An jeder Sohle sitzen rund 500 000 Haare aus Keratin, an deren Spitze sich wiederum Hunderte noch feinerer spatelförmiger Strukturen befinden. Mit Durchmessern zwischen 200 und 500 Milliardstel Metern sind sie dünner als die Außenhäute von Seifenblasen und hundertmal schmaler als ein Menschenhaar.

Setzt der Gecko den Fuß auf eine Oberfläche, drückt er ihn fest an, sodass die Härchen in jede kleine Ritze gelangen und sich eng anschmiegen. Das ist Voraussetzung für eine Verbindung, die der Fachmann als Van-der-Waals-Wechselwirkung bezeichnet. Um die zu verstehen, müssen wir ein wenig über den Aufbau von Materie wissen. Glas und Geckofüßchen bestehen beide aus Atomen, in denen elektrisch negativ geladene Elektronen um positiv geladene Atomkerne flitzen. Dabei kommt es zu kleinen Unregelmäßigkeiten in der Verteilung; kurzzeitig sind mal mehr Elektronen links, dann wieder rechts – damit ist das Atom dort ein wenig negativ geladen und auf der anderen Seite etwas positiv. Die sich gegenüberliegenden Atome passen ihre Verteilung entsprechend an, denn es gilt: Gegensätze ziehen sich an. Schon haben wir vorübergehend eine winzige Anziehungskraft, die Van-der-Waals-Wechselwirkung.

Eine einzelne macht nicht viel her, aber der Gecko hat ja unzählige Härchen. Zusammen bringen diese es auf Kräfte, dass ein Fuß bis zu zehn Kilogramm halten könnte – aber bei dem Gewicht würde vermutlich das Beinchen vorher reißen.

Steine liegen schwer im Magen

So eine Großmutter ist nicht leicht zu verdauen. Das wird sich wohl der Wolf aus dem Märchen gedacht haben, nachdem der Jäger Rotkäppchen und die Oma gerettet und dafür Steine in den Bauch des Vielfraßes eingenäht hatte. Was für ein Glück, dass

die Story nicht in Afrika spielt. Dort hätte vermutlich ein Krokodil die Rolle des Wolfs übernommen – und dem hätten die Steine herzlich wenig ausgemacht. Womöglich hätte es sich sogar beim Jäger bedankt, um anschließend ihn zum ersten und die beiden Damen zum zweiten Mal hinunterzuschlingen. Krokodile fressen nämlich von Natur aus Steine, die in ihrem aggressiven Magensaft langsam zersetzt werden, sodass ständiger Nachschub nötig ist.

An die clever!-Kandidaten und Sie geht jedoch folgende Frage:

Wozu benötigen Krokodile Steine?

a) Zum Zerkleinern der Nahrung (Genau wie ihre stammesgeschichtlichen Cousins, die Vögel, kauen Krokodile nicht ordentlich und müssen die Mahlzeit darum im Magen zermalmen.)

b) Um zusätzliche Mineralstoffe aufzunehmen (Wer nur Fleisch frisst, bekommt schnell Mangelerscheinungen. Steine enthalten oft Kalzium.)

c) Zum Tauchen (Auch ein schweres Krokodil würde ohne zusätzlichen Ballast an die Oberfläche treiben, wo es vom geplanten Mittagessen leichter zu entdecken wäre.)

Antwort: **Lösung c ist richtig!**

Mit der Luft in ihren Lungen haben Krokodile unter Umständen ein geringeres spezifisches Gewicht als Wasser und würden nach oben treiben.

Warum ist das so?

Ob ein Körper ohne aktive Bewegungen im Wasser schwimmt oder untergeht, hängt von seinem spezifischen Gewicht – auch Dichte genannt – ab. Liegt es niedriger als ein Kilogramm pro Liter, drängt das dichtere Wasser den Körper an die Oberfläche, bei höheren Werten taugt er nur als U-Boot. Apropos U-Boot: Die arbeiten genau mit diesem Prinzip. Zum Absinken fluten sie die Tauchkammern. Weil das Gewicht dadurch ansteigt, das Volumen aber gleich bleibt, erhöht sich die Dichte, und das Boot geht in die Tiefe. Will die Besatzung auftauchen, bläst sie mit Pressluft das Wasser wieder heraus, das spezifische Gewicht sinkt, und ohne zusätzliche Motorkraft stößt das Boot wieder gen Himmel.

Krokodile haben in freier Natur nur wenig Möglichkeiten, an Pressluft heranzukommen. Das macht aber nichts. Mit voll gefüllten Lungen würden sie sowieso an die Oberfläche treiben. Dort

clever! zu Hause

Auch wer selbst kein Krokodil ist, kann das Wechselspiel von Dichte und Auftrieb im Wasser ausprobieren. Alles, was Sie benötigen, ist eine Badewanne voll angenehm temperiertem Wasser. Legen Sie sich entspannt in das Nass, und atmen Sie aus. Sie werden feststellen, dass Ihr Körper nach unten sinkt. Atmen Sie tief ein – es geht aufwärts. Unser Körper hat fast die gleiche Dichte wie Wasser (er besteht ja zum größten Teil daraus), deshalb macht die kleine Luftfüllung in den Lungen den entscheidenden Unterschied zwischen Schweben und Untergehen aus. Mit gut gefüllten Lungen bleiben die meisten Menschen in ruhigem Wasser an der Oberfläche.

kann man zwar prima atmen, für die Jagd ist es aber praktischer, bewegungslos auf dem Grund des Gewässers zu lauern. Folglich muss die Echse irgendwie ihr spezifisches Gewicht erhöhen – und dafür schluckt es die Steine. Allerdings nur so viel, dass es blitzschnell vorschnellen und nach der leckeren Beute schnappen kann, sobald sich ein Tourist zu weit aus seinem Ausflugsboot lehnt.

Obwohl der Mensch tatsächlich gut in das Beuteschema des Krokodils passen würde, sind menschliche Todesfälle recht selten. In Australien hat es in den letzten 27 Jahren nur 14 Opfer gegeben. Es ist also selbst gefährlicher, bei Grün über die Straße zu gehen. Hat das Maul mit den spitzen Zähnen aber einmal zugepackt, gibt es kein Entrinnen mehr. Große Beute zerreißen die Echsen, indem sie sich um die eigene Achse drehen, was bei mehreren hundert Kilogramm Körpergewicht im wörtlichen Sinne mörderische Kräfte freisetzt. Eine Chance hat der Mensch eigentlich nur an Land – voraus-

Nachgehakt

Die berühmten Krokodilstränen gibt es wirklich. Allerdings haben sie mit unseren Tränen wenig gemeinsam. Es handelt sich um ein eiweißreiches Sekret, das die Augen vor Bakterienbefall schützt. Vermutlich hat der französische Mönch Bartholomäus Anglicus im 13. Jahrhundert die Tränen bekannt gemacht, als er in seiner naturwissenschaftlichen Enzyklopädie darüber berichtete. Er meinte, die Krokodile würden aus Reue über ihre Mordtat weinen – und dann erst die Beute fressen. Ein ebenso schönes wie falsches Bild.

gesetzt, er sieht das Krokodil rechtzeitig. Für einige Meter bringen die Tiere es zwar auf Geschwindigkeiten von bis zu 30 Kilometern in der Stunde, aber sonst sind 14 km/h die Obergrenze. Da ist selbst Herr Boning schneller. Als letzte Rettung gilt der Trick, dem angreifenden Krokodil das Maul zuzuhalten. Die Muskulatur zum Öffnen ist nämlich viel schwächer als die für den schließenden Happs. Dabei stellt sich nur das Problem, fixer zu reagieren als das attackierende Krokodil. Und Sie brauchen jemanden, der eilends Hilfe holt. Denn irgendwann wollen Sie sicherlich wieder loslassen, oder?

Obwohl das Gehirn von Krokodilen ziemlich klein ist – etwa so groß wie der größte Zahn in seinem Maul –, sind die Echsen alles andere als dumm und erstaunlich lernfähig. Jäger wenden manchmal die List an, den Hilferuf eines Jungtiers nachzuahmen, um Krokodile anzulocken. Oft haben sie damit Erfolg. Entkommt ein Krokodil aber dem Hinterhalt, fällt es danach nie wieder auf den Trick herein.

Für Nochbesserwisser

Krokodile und Alligatoren bilden verschiedene Untergruppen der Ordnung Crocodylia. Als überlebende Verwandte der Dinosaurier sind sie wechselwarme Tiere, ihre Körpertemperatur gleicht sich der Umgebungswärme an. Alligatoren tolerieren dabei auch Wassertemperaturen von weniger als 18 Grad Celsius, was für die echten Krokodile zu kalt wäre – sie würden es nicht mehr an die Oberfläche schaffen und müssten ertrinken. Dementsprechend konnten Alligatoren sich vor allem in den kühleren Regionen gegen die Krokodile behaupten. Sie kommen im Süden der USA und am Unterlauf des Jangtse im Osten Chinas vor.

Meine Schläuche beißt du nicht!

Erschreckend, wie sehr das High-Tech-Wesen Mensch sich von der Natur entfernt hat. Beim Stichwort «Füttern» denken wir zuerst an unseren Computer, Kinder glauben, alle Kühe seien lila und Milch würde aus Schokolade gemacht. Selbst beim wochenend-

lichen Spaziergang durch den Wald laufen uns nur kläffende Dackel ohne Leine über den Weg. Wer echte Wildtiere sehen will, muss ganz woanders hingehen: auf den Parkplatz! Schon längst haben beispielsweise die Marder den Motorraum unserer explosionsgetriebenen Individualfahrzeuge als neuen Lebensraum entdeckt. Warm, geschützt und verwinkelt – was begehrt das Marderherz mehr? Nur Ärger mit dem Vermieter gibt es. Welcher Autofahrer hat es schon gerne, wenn ihm das Tier die Schläuche durchknabbert und so den Wagen lahm legt? Dagegen müsste es doch ein Mittel geben, dachten sich schon in den 1990er Jahren Forscher an der Uni Gießen und testeten verschiedene Methoden, den flauschigen Beißerchen das moderne Heim zu vermiesen.

Womit kann man Marder vom Auto fern halten?

a) Mit Hundehaaren (Der Marder riecht den Hund und geht aus Angst nicht mehr an das Auto.)

b) Mit Kaninchendraht (Den Maschendrahtzaun mag der Marder nicht an den Pfoten spüren.)

c) Mit WC-Stein (Die empfindliche Nase verträgt den Gestank nicht. Dann doch lieber im Wald wohnen.)

Antwort: **Lösung b ist richtig!**
Flugs unters Auto gelegt, erweist sich der Drahtzaun als wirksames Abwehrmittel. Allerdings gewöhnen sich die Marder mit der Zeit daran und überwinden die Barriere irgendwann.

Warum ist das so?

Wenn ein Marder es sich im Motorraum bequem macht, bleibt in 99 Prozent aller Fälle alles unversehrt. Das hat die Studie der Justus-Liebig-Universität Gießen ergeben. Dennoch vermeldete der ADAC im Jahr 2001 rund 16 300 von Mardern beschädigte Autos. Mit einer hohen Dunkelziffer, denn nicht immer wird die Ursache eines Defekts richtig erkannt. Offenbar gefallen die warmen Höhlen unter der Motorhaube den Tieren so gut, dass sie den Tipp von Generation zu Generation weitergeben. Besonders als Speisezimmer, in dem die Beute vertilgt wird, ist das Auto beliebt. Stress gibt es nur zur Paarungszeit, wenn der amtierende Lokalmatador den Geruch eines anderen Männchens erschnuppert. Aggressiv beißt er um sich – und zerlegt dabei das ein oder andere Kabel. Aus diesem Grund gibt es häufig Ausfälle, wenn man unterwegs ist und das Auto im «falschen» Revier parkt.

Ob ein Wagen zur Wohnhöhle umfunktioniert wird, hängt übrigens auch vom Typ ab. Modelle mit sehr kompakten Motoren sind zu ungemütlich, und eine feste Bodenplatte wirkt so sicher wie eine hochgezogene Zugbrücke gegen Staubsaugervertreter.

Die einfachste Lösung ist jedoch enger Maschendrahtzaun auf dem Fußboden. Der Marder meidet diesen unangenehmen Untergrund. Ist er allerdings hoch motiviert, weil es zum Beispiel sonst keine geeigneten Höhlen in der Nähe gibt, wird er die Zähne zusammenbeißen und sich an den Draht gewöhnen. In so einem Fall empfiehlt der ADAC einen elektrisch geladenen Weidezaun um den Stellplatz. Das schadet dem Marder nicht dauerhaft, tut aber weh und vertreibt ihn zuverlässig.

Tierlein, Tierlein an der Wand ...

Vielleicht wussten Sie es noch nicht, aber Herr Boning klebt sich jeden Abend vor dem Schlafengehen einen Zettel an die Stirn, auf dem steht: «Das bin ich!» Reißt er sich am nächsten Morgen vor dem Spiegel entsetzt das Papier herunter, prangt auf der Rückseite die Versicherung: «Ehrlich!» Erst dann macht er sich einigermaßen beruhigt an die Rasur und alle sonst noch anstehenden Renovierungsarbeiten.

Diese kleine Anekdote beweist, dass Herr Boning in der Tierwelt zu den geistigen Spitzenkönnern zählt. Denn nur die intelligentesten Zwei-, Vier- und Was-weiß-ich-Beiner erkennen beim Blick in den Spiegel, dass sie sich dort selbst sehen. Für den Großteil glotzt da nur ein Artgenosse, der nach einem drohenden «Was guckst du?» am besten gleich etwas auf die Nase bekommt. Wollen wir doch mal testen, wer bei clever! am cleversten ist.

Welches dieser Tiere erkennt sich selbst im Spiegel?

a) Der Border Collie (Als klügste Hunderasse hat Lassies Kollege einen Ruf zu verlieren.)

b) Die Katze (In vielen Haushalten ist sie schon der Boss – entspricht ihr IQ dieser Stellung?)

c) Die Elster (Wer silberne Löffel klaut, hat es nicht nur faustdick hinter den Ohren, sondern muss auch helle sein.)

Antwort: Lösung c ist richtig!
Nur die Elster erkennt, dass ein roter Fleck, den das Tier im Spiegel trägt, auf ihrem eigenen Federkleid sitzt, und versucht, ihn zu entfernen.

Warum ist das so?

Ich werde gespiegelt, also bin ich! – Der Erkenntnis, dass es so etwas wie ein «Ich» gibt, das nur einmal existiert und sich von anderen Individuen unterscheidet, ordnen wir Menschen einen extrem hohen Stellenwert zu. Lange Zeit galt es als sicher, dass nur der Mensch in der Lage ist, das Spiegelbild als Reflexion seiner selbst zu identifizieren. Bis im Jahre 1969 ein US-amerikanischer Wissenschaftler einigen Affen ausgiebig Zeit ließ, sich an den Spiegel zu gewöhnen. Nach wenigen Tagen nutzten die Tiere das Abbild, um sich Stellen am eigenen Körper anzuschauen, die sie sonst nicht sehen konnten. Malte man ihnen einen Fleck auf die Stirn, entfernten die Affen ihn vor dem Spiegel ganz gezielt. Ihnen war also klar: Das da bin ich! Inzwischen wissen wir, dass Schimpansen, Bonobos, Orang-Utans, Gorillas und auch Delphine sich im Spiegel selbst erkennen.

Und sogar die Elster, wie Forscher an der Ruhr-Universität Bochum herausgefunden haben. Wieder ging der Nachweis über Farbflecke: Knallrote Punkte am Kehlkopf, die der Vogel mit seinen seitlich sitzenden Augen nicht direkt sehen kann, lösen ein Plustern des Gefieders aus, wenn die Elster vor dem Spiegel sitzt. Schwarze Punkte, die auf den schwarzen Federn nicht auffallen, sind ebenso unwirksam wie rote Flecken auf anderen Elstern hinter einer Glasscheibe.

Ganz schön clever für so ein vergrößertes Spatzenhirn. Denn sogar wir Menschen lernen erst im Laufe des zweiten Lebensjahrs, dass der komische Typ mit dem seltsamen Grinsen und den schlecht sitzenden Windeln wir selbst sind.

Nun heißt es: Farbe bekennen

Jedes Mal ist es das gleiche Theater: Kaum suchen wir im clever!-Team einen Freiwilligen für ein innovatives, spannendes und vielleicht auch ein ganz klein wenig gefährliches Experiment, tun alle so, als seien sie gar nicht da. Manche krallen sich an der Zimmerdecke fest, andere stülpen sich einen Papierkorb über den Kopf, und einige sind offenbar der Ansicht, mit ihrem weißen Kittel und dem angstbleichen Gesicht könnte man sie vor der weißen Wand nicht erkennen. Menschliche Chamäleons sozusagen. Dabei weiß doch jedes Kind, dass Chamäleons ihre Farbe nur deshalb ständig ändern, um die letzten Besitzer von Schwarzweißfernsehgeräten zu ärgern. Ja, das sind richtige kleine Fieslinge, diese Krabbelviecher. Passt denen gar nicht, dass das clever!-Buch in Multicolor gedruckt ist. Ob die sich auch schwarz ärgern können? Oder gelb werden vor Neid? Oder wozu ist der ganze Regenbogen-Zauber gut?

Warum verändern Chamäleons ihre Farbe?

a) Sie signalisieren damit ihre Geschlechtsreife (Bei uns Menschen übernimmt diese Aufgabe der wummernde CD-Player im Auto.)

b) Die Anpassung an den Untergrund dient der Tarnung (Wer nicht gesehen wird, kann schlecht gefressen werden.)

c) So zeigen die Tiere Stimmungswechsel an (Chamäleons reden nicht viel, sie laufen bunt an.)

Antwort: **Lösung c ist richtig!**

Das Chamäleon ändert die Farbe als Reaktion auf Erregung, Angst, Licht, Temperatur etc.

Warum ist das so?

Die weit verbreitete Meinung, das Chamäleon würde seine Färbung dem Hintergrund anpassen, um sich zu tarnen, trifft nicht zu. Vor

einer blauen Wand wird das Tier nicht blau und vor einer roten nicht rot – obwohl beide Farben in seinem Spektrum vorhanden sind. Unter normalen Umständen ist ein Chamäleon grünlich mit dunklen

Für Nochbesserwisser

Die besten Farbmischer im Tierreich sind unter Wasser zu finden: Tintenfische passen sich in Sekunden an ihren Untergrund an. Begegnen sich zwei Exemplare, kommunizieren sie über komplexe Farbwechsel miteinander.

Flecken und sieht damit aus wie die Büsche und Sträucher, auf denen es lebt. Es bewegt sich äußerst langsam und wippt dabei vor und zurück wie ein Blatt oder Ast im Wind. Mehr Maskerade ist nun wirklich nicht nötig. Tarnung (Antwort b) ist also verkehrt.

Auch die Idee mit der Geschlechtsreife (Antwort a) liegt daneben. Schon ganz junge Chamäleons beherrschen die Farb-Klaviatur.

Und auf der wird dann gespielt, wenn bei dem Reptil die Emotionen hochkochen (Antwort c). Unter Stress kriegt ein Jemenchamäleon beispielsweise schnell schwarze Flecken. Das passiert unbewusst, doch die Artgenossen wissen ganz genau, was gemeint ist. So dient der Farbcode auch der stillen Kommunikation. Und noch eine weitere Funktion haben die Färbungen: Als wechselwarme Tiere kommen Chamäleons bei Kälte schlecht in die Puschen. Sie tanken darum früh am Morgen im dunklen Outfit die ersten wärmenden Sonnenstrahlen, während in der Mittagshitze helle, reflektierende Haut angesagt ist.

Damit die Färberei auch funktioniert, haben die Chamäleons einige spezielle Hautschichten, die Farbstoffe enthalten. Eine davon ist für Gelb und Rot zuständig, eine weitere für Blau und die dritte für Schwarz bzw. andere dunkle Farben. Kleinste Muskeln schieben die Farbstoffe ins Blickfeld oder beiseite, sodass die tiefer liegende Schicht sichtbar wird.

Nicht nur die Farbe, auch ihre Form wird variiert. Manche Arten blasen sich auf, bis sie aussehen wie eine Bowlingkugel mit Stummelaugen. Ebenso chic sind aufstellbare Kopflappen; von den Hörnern, mit denen sich manche zieren, ganz zu schweigen.

Viel Spaß haben die Tiere aber wohl nicht an ihrem Mummenschanz. Chamäleons sind nämlich ausgesprochene Einzelgänger. Allenfalls zur Paarungszeit dulden sie einen Artgenossen, den Rest des Jahres gibt es sofort Zoff. Das musste schon so mancher Chamäleonhalter erleben, der von seinem anscheinend kurzsichtigen Schößling kurzerhand in den Finger gebissen wurde. Selbst schuld!, kann man da nur sagen. Denn wie jeder weiß, bedeutet Türkis mit gelben Flecken unmissverständlich: «Ich bin schon schwanger. Nimm deine Flossen weg!»

Nachgehakt

Die erwachsenen Weibchen der Veränderlichen Krabbenspinne können ihre Körperfarbe ebenfalls variieren. Je nach Farbe der Blüte, auf der sie Beute machen wollen, sind die Tiere weiß, gelbgrün oder leuchtend gelb.

Ungewöhnliche Lösungen für gewöhnliche Probleme

Wissen Sie noch, wie das damals war an der Schule? Kaum hatten wir uns als Otto-Normal-Pennäler mit dem Lesen, Schreiben und Rechnen einigermaßen abge-

funden – da tauchten im Stundenplan plötzlich so seltsame Fächer wie Biologie, Chemie und Physik auf. Wozu die wohl gut sein sollten? Immerhin wurde uns schnell klar, worum es dabei im Großen und Ganzen ging: Biologie war der uninteressante Teil vom Sex, in Chemie knallte und stank es traditionellerweise, und in Physik rutschten Dinge die schiefe Ebene hinab, während unsere besorgten Eltern uns vor der schiefen Bahn warnten. Mit dem wahren Leben hatte das jedenfalls nichts zu tun.

Hat es doch!, behauptet nun Herr Boning. Ob es sich um das korrekte Recyceln von Flaschen handelt oder um elektrische Weidenzäune dreht – wer wissen will, warum beim Duschen jedes Mal der Vorhang an ihm festklebt, steckt schon mittendrin in der Welt der Wissenschaft. Weil aber nicht alle Experimente so harmlos sind wie eine Dusche mit eiskaltem Wasser, gibt es Herrn Boning, dessen Vertrag eindeutig besagt, dass er Vergiftungen, elektrische Schläge und Explosionen jeglicher Art freudestrahlend entgegenzunehmen hat. Alles im Dienste der Wissenschaft natürlich. Damit Sie auch morgen noch kraftvoll zufragen können.

Vorsicht an explodierenden Tankstellen

Sie sind einfach nicht auszurotten! Selbst in unserer aufgeklärten Zeit treiben haarsträubende Gerüchte und abstruse Legenden ungestraft ihr Unwesen und verbreiten sich, munter Unsinn

plappernd, von Ohr zu Ohr. Denken Sie nur an die Geschichte von südamerikanischen Vogelspinnen in Yucca-Palmen. Alles Unsinn! Oder doch nicht? Was ist zum Beispiel dran an der Behauptung, in den USA seien bereits 150 Tankstellen in die Luft geflogen, weil jemand dort mit seinem Handy telefoniert hat? Immerhin hängen auch in Deutschland an vielen Tankstationen derartige Verbotsschilder. Oder ist diese Spur explosiver Verwüstung vielleicht auf den Marlboro-Mann zurückzuführen, der ja als Autohasser bekannt ist. Es gäbe da so viele Möglichkeiten …

Wodurch kann eine Tankstelle zur Explosion gebracht werden?

a) Nylon-Kleidung (Lädt der Jogginganzug sich elektrostatisch auf, springt schon mal der zündende Funke über.)

b) Handy (150 arbeitslose amerikanische Tankstellenwärter können nicht irren.)

c) CD-Player (Darum unterstützt die amerikanische Ölindustrie vehement die Verbreitung der weniger gefährlichen MP3-Player.)

Antwort: Lösung a ist richtig!
Tatsächlich laden Nylonstoffe sich bei Reibung an anderen Materialien auf, und es springen gelegentlich Funken über.

Warum ist das so?

Selbst wenn Sie an der Tanke in voller Lautstärke «Light My Fire» von The Doors hören oder die Kopfhörer gar dem Zapfhahn überstülpen – es wird nichts passieren. Zumindest gibt es keine Explosion, alle weiteren Reaktionen hängen vom Temperament des jeweiligen Tankstellenpächters ab. CD-Spieler sind einfach zu gut abgeschirmt, als dass irgendein Anzeichen ihres elektrischen Innenlebens nach außen gelangen könnte.

Das Gleiche gilt fürs Handy. Durch bloßes Telefonieren explodiert bei entsprechender Wortwahl höchstens ihr Gesprächspartner, aber bestimmt nicht die Tankstelle.

Elektrogeräte sind also keine Westentaschenzünder. Lediglich wenn das Handy auf den Boden fällt und dabei einen Funken schlägt, könnte daraus ein Unglücksfall mit Knalleffekt werden. Das liegt jedoch nicht am Handy an sich, sondern an der jeweiligen Ummantelung, die bei einigen Modellen aus Metall besteht. Das gleiche Risiko gibt es bei anderen metallischen Gegenständen wie Taschenmessern, Schlüsselbunden oder Geldschränken.

Eine weit häufigere Quelle für Funkenschlag ist dagegen unsere Kleidung. Wer hat nicht schon ab und zu einen gewischt bekommen, wenn er ahnungslos nach Hause kommt und die Wohnungs-

Für Nochbesserwisser

Nylon ist der US-amerikanische Handelsname für Polyamidfaserstoffe. In der BRD hießen diese auch Perlon, in der DDR Dederon. Seinen Namen hat es einer Legende (!) zufolge vom Ausruf seines Erfinders: «**N**ow, **y**ou **l**ousy **o**ld **n**ipponese», weil es der asiatischen Seide Konkurrenz machen sollte.

tür aufschließen will. Selbst ohne verärgerte Ehefrau mit Nudelholz in der Hand trifft einen da schnell der Schlag. Durch Reibung unserer Schuhsohlen am Fußboden oder von Kleidungsstücken aneinander fließen nämlich Elektronen von einem Stoff zum anderen. Der Fachmann spricht hier von elektrostatischer Aufladung – «elektro», weil es um Ladungen geht, und «statisch», weil die Elektronen nicht als Strom fließen, sondern an uns haften und auf ihren großen Auftritt warten. Besonders Nylon lädt sich leicht auf. Sie merken das, wenn Sie sich einen Nylonpulli über den Kopf ziehen: Danach stehen Ihnen die Haare zu Berge. Sobald ein aufgeladener Stoff die Möglichkeit hat, seinen unausgeglichenen Ladungshaushalt auszugleichen und einige Elektronen an einen anderen Träger abzugeben, springt ein Funke zwischen den beiden. Geschieht dies im Dunkeln, können wir ihn mitunter sogar sehen. Sind unsere Fingerspitzen daran beteiligt, kribbelt es darin.

clever! entdeckt

Das erste Patent für Nylon erwarb der US-amerikanische Chemiker Dr. Wallace Hume Carothers im Jahr 1935. Als erstes Nylonprodukt kam eine Zahnbürste auf den Markt, die Strümpfe folgten später.

Dramatisch wird der Funkenflug, wenn er in einer Luft mit Benzinzusatz stattfindet. Liegt die Konzentration der Treibstoffdämpfe zwischen 0,6 und 8 Prozent, gibt es einen großen Knall. Denn was explodiert, ist nicht das flüssige Benzin, sondern das Gemisch mit Luft. Allerdings eben nur beim richtigen Verhältnis. Zu viel oder zu wenig Benzin, und der große Knall bleibt aus.

Zum Glück, denn der tägliche Umgang mit diesem Treibstoff hat uns reichlich sorglos werden lassen. Immer wieder sieht man an Tankstellen oder in Garagen Leute rauchen. Dass dabei nichts passiert, liegt am nicht zündfähigen Verhältnis von Treibstoffdampf und Luft. Aber wehe, es kommt ein plötzlicher Windstoß auf ...

Die Legende von den Handy-gesprengten Tankstellen könnte ihren Ursprung in den Gewohnheiten amerikanischer Autofahrerinnen haben. Diese setzen sich während des Tankens gerne wieder ins Auto, um sich zu schminken oder vielleicht über Handy ein kleines Pläuschchen mit der Freundin zu halten. Beim Ein- und Aussteigen reibt die Kleidung am Sitz und kann sich elektrisch aufladen – mit vollem Funken- und Explosionsrisiko.

Wir sehen: Plaudertaschen leben nur dann gefährlich, wenn sie bekleidet sind und sich bewegen – oder wenn der Tankwart es mit seinen Verbotsschildern ernst meint.

clever! zu Hause

Mit einem Luftballon können Sie ein schönes Experiment zur elektrostatischen Aufladung durchführen: Reiben Sie den aufgeblasenen Ballon an Ihren Haaren und «kleben» Sie ihn an die Decke. Dort bleibt er eine ganze Weile hängen.

Ein Hirn aus Metall vergisst nie

Kaum jemand lebt gefährlicher als ein Geheimagent vom Schlage eines James Bond. Herr Boning kann davon aus eigener Erfahrung berichten, gerät er bei seinen Missionen doch selbst immer wieder in prekäre Lagen. Wie schnell erschießt man beispielsweise im Eifer des Spionagegefechts versehentlich den falschen Mann? Wenn das mal keinen Ärger mit der Putzfrau gibt, die den ganzen Schlamassel wegwischen muss. Da ist es beruhigend, wenn man weiß, wie man die verräterische Schusswaffe mit ein paar Handgriffen in einen unverdächtigen Schuhlöffel verwandeln kann. Weil die Herren von der Sicherheit Herrn Boning am Studioeingang routinemäßig jegliche Waffen und Schuhlöffel abnehmen, muss hier ein vereinfachter Versuch zur Demonstration genügen: Anstatt einer Schusswaffe benutzen wir einen langen Draht, an dessen Enden zwei Gewichte befestigt sind. Durch einen kleinen Kniff «erinnert» sich der Draht daran, dass er einmal viel kürzer war – und schnurrt mitsamt daran hängender Gewichte zusammen.

Was muss man tun, damit sich der Draht zusammenzieht und die Gewichte sich aufeinander zubewegen?

a) Den Draht beschallen (Ein kräftiges Schnäuzen soll schon Mauern zum Einstürzen gebracht haben.)

b) Den Draht vereisen (Bei Kälte schrumpfen Metalle bekanntlich.)

c) Den Draht erhitzen (Der Spion, der aus der Kälte kam, hält gerne sich am Feuer warm.)

Antwort: **Lösung c ist richtig!**

Bestimmte Legierungen, die als Memory-Metalle bezeichnet werden, «merken» sich ihre ursprüngliche Form und nehmen sie beim Erwärmen wieder ein.

Warum ist das so?

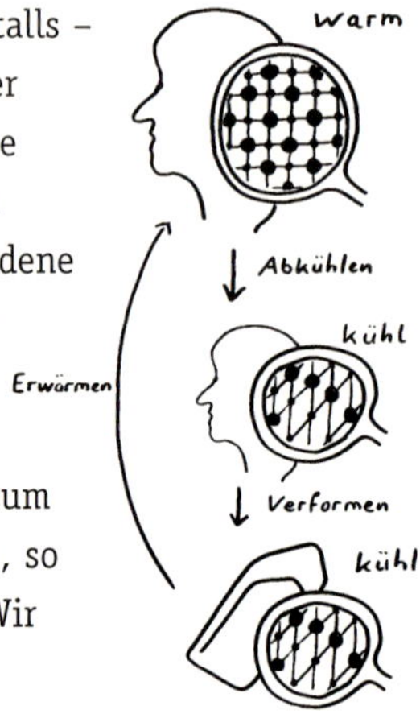

Das Geheimnis des kräftig ziehenden Metalls – ein Draht mit vier Millimeter Durchmesser kann immerhin eine Last von einer Tonne anheben – steckt in seinem Aufbau. Den Atomen des Metalls passen zwei verschiedene Anordnungen recht gut – eine für kühle Umgebungen und eine für wärmere Bereiche. Bringt Herr Boning einen warmen Draht in eine bestimmte Form, zum Beispiel die Konturen von Frau Eligmann, so nimmt das Metall die Kurven gerne an. Wir merken uns: heiß = Frau Eligmann.

Beim Abkühlen behält es diese Biegungen bei, obwohl sich seine Atome intern in das Raster der Niedrigtemperaturphase umordnen. Nun werkelt Herr Boning abermals an dem Draht herum und gibt ihm die unverfängliche Form einer Büroklammer. Weil es im Studio währenddessen angenehm kühl ist, passt das wunderbar zur Atomstruktur des Metalls. Merken: kühl = Büroklammer.

Das Clevere an dieser besonderen Art von Metall ist, dass es seine Warm-Form in seinem «Gedächtnis» abgespeichert hat. Wissenschaftler sprechen darum auch von Memory-Metallen. Heizt

Für Nochbesserwisser

Die Hochtemperaturphase nennt man Austenit, die Struktur bei niedrigen Temperaturen heißt Martensit.

Herr Boning nun in einem unbewachten Moment den Draht auf seine Umwandlungstemperatur auf, wandern die Atome wieder auf ihre Hochtemperaturpositionen und ziehen diesmal das ganze Metall mit: Es erscheinen die Kurven von Frau Eligmann. Im Studioexperiment waren die Abläufe genau so zu sehen.

Zu Hause können Sie das Experiment leider nicht einfach mit dem Draht Ihrer Türklingel nachmachen. Den Memory-Effekt zeigen nämlich nur bestimmte Legierungen, also Kombinationen von verschiedenen Metallen. Am verbreitetsten ist eine Legierung aus 55 Prozent Nickel und 45 Prozent Titan, die in Fachkreisen Nitinol heißt. Bei Raumtemperatur können Sie es in eine beliebige Form biegen, doch sobald Sie es über 50 Grad Celsius erwärmen, nimmt es wieder seine eingeprägte Gestalt ein. In Scherzartikelläden gibt es beispielsweise Löffel aus diesem Material zu kaufen, die sich im heißen Kaffee mächtig in die Kurve legen. Das wäre doch eine hübsche Idee für die nächste Uri-Geller-Party.

Man kann Memory-Metalle aber auch für nützlichere Aufgaben einsetzen. Die Legierungen sind nämlich außerordentlich elastisch. Bekanntestes Beispiel hierfür sind Brillenfassungen, die man nach Herzenslust verbiegen kann – und die gleich darauf wieder wie neu aussehen. Das funktioniert ebenfalls über die beiden Anordnungsvarianten der Atome, diesmal sogar ohne Erwärmen.

Für Nochbesserwisser

Die meisten Anwendungen von Memory-Metallen arbeiten nur mit einer abgespeicherten Form, die das Werkstück beim Erwärmen einnimmt. Erneutes Abkühlen beeinflusst die Gestalt nicht (Einwegeffekt). Man kann dem Bauteil aber auch durch ständige Wiederholungen eine Kaltform auftrainieren (intrinsischer Zweiwegeffekt) oder es einfach durch äußere Kraftanwendung, beispielsweise mit einer Feder, in eine bestimmte kühle Form zwingen (extrinsischer Zweiwegeffekt).

Besonders gerne bedienen sich Mediziner der Memory-Metalle. Das fängt bei Zahnspangen an, die sich selbst festziehen und niemals nachgestellt werden müssen, und geht weiter bis in die Gefäßchirurgie: Um Verengungen in Venen oder Arterien zu weiten, werden so genannte Stents ungemein klein zusammengefaltet und in die Ader eingeführt. Dort «erinnern» sie sich an ihre ursprüngliche Röhrchenform, falten sich auf und sorgen für guten Blutfluss.

Auf Wiedersehen, «Flasche leer»!

Was ist schon dabei, wenn der Fernseher mal ins Aquarium plumpst? Wie die Glotze den Sturz einigermaßen unbeschadet übersteht, haben Sie bereits ja im ersten Kapitel gelesen. Doch wer denkt in diesem Fall an das Aquarium? Herr Boning natürlich! Als Ehrenwissenschaftler der Anonymen Aquariker ist es seine akademische Pflicht, für eine umweltgerechte Entsorgung der Fischplanschbecken zu sorgen. Keine leichte Aufgabe: Versuchen Sie mal, so ein 200-Liter-Aquarium durch die Öffnung des Altglascontainers zu quetschen. Ganz zu schweigen von der Frage, welches die richtige Ablade für getönte Aquarien ist. Dieses Problem wird Ihnen vermutlich bekannt vorkommen, wenn Sie mal wieder mit einer handlichen Kiste voller Flaschen vor dem Glascontainern verzweifeln.

In welchen Glascontainer gehören rote Flaschen?

a) Zu den weißen Flaschen (Weil Weiß farblich neutral ist.)

b) Zu den braunen Flaschen (Rot sieht Braun am ähnlichsten.)

c) Zu den grünen Flaschen (Grün ist bei Flaschen das Sammelbecken für alle Farben, die sonst nirgendwo passen.)

Antwort: **Lösung c ist richtig!**

Ob rot, blau oder schwarz – die farbgebenden Substanzen in grünem Glas kompensieren in der Schmelze den größten Anteil der Fremdfarben.

Warum ist das so?

Altglas aus dem Container wird in der Fabrik zerschlagen, geschmolzen und zu neuen Flaschen verarbeitet. Der entscheidende Schritt für die Färbung spielt sich dabei in der Schmelze ab.

Nachgehakt

In den Altglascontainer dürfen auch Flaschen mit kleinen Metallstücken (z. B. bei Parfüms). Hingegen gehören Glasbausteine, Bleikristall, Spiegelglas und feuerfeste Schüsseln in den Bauschutt.

Wie beim Tuschkasten würde jede andere Farbe beim Weißglas den strahlenden Eindruck zerstören und so die Qualität mindern. Auch braunes Glas verträgt kein Mischen. Die Braunfärbung entsteht durch ein wackeliges chemisches Gleichgewicht von Kohlenstoff, Natriumsulfat und Eisensulfit. Nur braunes Glas garantiert braune Flaschen für den gemütlichen Fernsehabend.

Grünes Glas ist hingegen unempfindlicher. Es bekommt seine Färbung durch Chrom- und Eisenoxide – salopp formuliert also «rostige» Metalle. Hierfür gibt man Chromeisenstein in die Schmelze, das den Effekt von kleineren Mengen anderer Farben, die beispielsweise Kobalt, Kupfer oder Nickel enthalten, ausgleicht, ohne dass die Qualität des Glases darunter leidet.

Physikalischer Thriller unter der Dusche

Erinnern Sie sich an diese gruselige Szene aus dem Film «Psycho»? Die Frau steht nichts ahnend unter der Dusche und schrubbt sich den Dreck von der rosigen Haut. Da erklingt Furcht

einflößende Musik, Dampf steigt auf, und die Kamera springt hektisch zwischen Duschkopf, Damenhaupt, Türklinke und Duschvorhang hin und her ... bis es plötzlich passiert: Der Vorhang schwingt nach innen und klatscht der Frau eiskalt an die Wade! Ein Aufschrei, zart besaitete Gemüter im Publikum retten sich in eine Ohnmacht. Nur der hart gesottene clever!-Fan bleibt ganz ruhig und analysiert die Situation: ein Brausekopf, fließendes Warmwasser, das die Luft erwärmt, die wiederum aufsteigt, was den Vorhang mitreißt, der folglich nach innen flattert. Klingt doch plausibel.

Hätte die Frau mal kalt geduscht, dann wäre die Filmszene ganz gemütlich und ohne Zwischenfälle abgelaufen, oder?

Wie bewegt sich der Duschvorhang bei kaltem Wasser?

a) Nach innen (Wasser ist Wasser und Duschvorhang ist Duschvorhang.)

b) Gar nicht (Ohne heiße Luft kein Unterdruck, und alles bleibt ruhig.)

c) Nach außen (Die abgekühlte Luft strömt nach unten und drängt nach draußen.)

Antwort: **Lösung a ist richtig!**
Die schnelle Wasserströmung und ein Luftwirbel sorgen für den nötigen Unterdruck, um den Vorhang in die Duschkabine zu saugen.

Warum ist das so?

Dies ist genau das richtige Experiment für einen quietschvergnügten Start in den Tag. Ob nun mehr quietsch oder doch eher vergnügt – Sie werden feststellen, dass auch bei einer kalten Dusche der Vorhang nach innen flattert. Die Wissenschaft liefert dafür gleich zwei Begründungen: Minitornados und den Bernoulli-Effekt.

Fangen wir mit den Tornados an, denn ihnen ist tatsächlich die Hauptschuld zuzuschreiben. Auf ihrem Weg in die Tiefe müssen die fallenden Wassertropfen den Luftwiderstand überwinden, und die Teilchen der Luft müssen Platz machen. Wenn nun ein Teilchen nicht fix genug beiseite strömt, bekommt es die Reibungskräfte zwischen Luft und Wasser zu spüren. Weil die Luftmoleküle langsamer sind als die des Wassers und den frei werdenden Raum hinter jedem Tropfen gleich wieder für sich erobern, entstehen durch diese emsige Teilchenbewegung lauter kleine Wirbel. Befindet sich der Brausekopf an der Wand, beschreibt der Wasserstrahl einen Bogen nach unten, und die Miniwirbel bringen eine große kreisförmige Luftströmung hervor. Im Prinzip

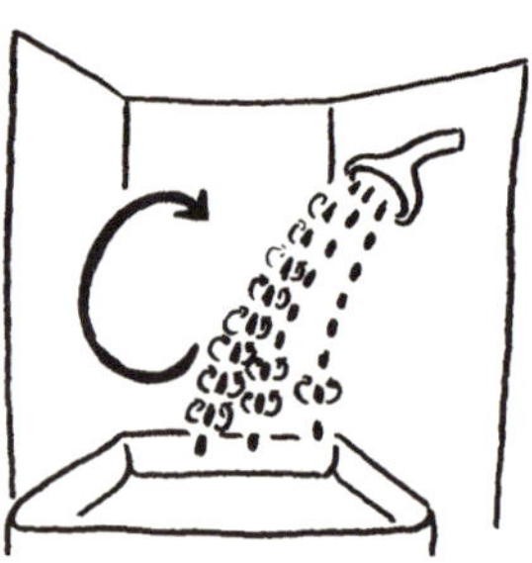

entspricht dies der Zimmerversion eines kleinen Tornados – inklusive Unterdruck, der am Vorhang saugt.

Unterstützt wird er dabei von einem Effekt, den der Physiker Daniel Bernoulli schon im 18. Jahrhundert beschrieben hat und den wir bereits auf S. 30 kennen gelernt haben. In der Nähe von schnell strömenden Gasen oder Flüssigkeiten entsteht nämlich ein Unterdruck, weil die mitgerissenen Luftmoleküle es nicht mehr schaffen, nach links und rechts auszuweichen.

clever! zu Hause

Dass schnelle Luft einen saugenden Unterdruck erzeugt, beweist ein Experiment mit Haarföhn und Tischtennisball: Einfach den Ball in den nach oben gerichteten Luftstrom geben und dann den Föhn langsam seitlich kippen. Der Ball fällt auch bei Schräglage nicht herunter.

clever! entdeckt

Auf dem Gebiet der Duschvorhang-Forschung hat sich vor allem der amerikanische Physiker David Schmidt hervorgetan. Er bildete in einem dreidimensionalen Computermodell eine Dusche detailgetreu nach. Alleine den Duschvorhang unterteilte er in 50000 kleine Segmente. Dann ließ er den Rechner simulieren, welche Kräfte und Bewegungen beim Duschen entstehen. Siehe da: Der Vorhang wurde auch im Computer nach innen gesogen. Welch Erkenntnis! Für diesen Durchbruch erhielt Schmidt im Jahr 2001 den Ig-Nobelpreis für Physik – eine augenzwinkernde Auszeichnung für Experimente, auf die die Welt auch verzichten könnte.

Zweimal Unterdruck, das gibt ein gewaltiges Saugen. Was bleibt dem armen Duschvorhang anderes übrig, als sich an die Beine der Damen zu schmiegen. Wie dumm, dass Duschvorhänge keine Augen haben, denn so bleiben auch Männerbeine nicht verschont.

clever! zu Hause

Sie können die Luftzirkulation zu Hause sichtbar machen, wenn Sie die Dusche von außen anstellen, den Kopf durch den Vorhang stecken und etwas Zigarettenrauch in die Kabine blasen.

Wenn die Mintfrische in der Hose kleben bleibt

Der folgende Versuch richtet sich vorwiegend an alle clever!-Freunde im hormonell strapazierten Jugendalter. Sie werden folgende Situation gut kennen: Kaum legt man im Kino sein

Kaugummi für fünf Minuten auf den Nebenplatz, kommt so ein Trottel an und setzt sich drauf. Weiß der denn nicht, was so ein gut vorgewalktes Stück wert ist? Das will man doch wiederhaben! Zu dumm, dass Kaugummi und Hosenstoff sich gar nicht gerne voneinander trennen lassen. Doch nicht verzagen – clever! weiß Rat. Bevor es die Auflösung gibt, dürfen Sie aber noch (unseretwegen auch Kaugummi kauend) eine Runde sinnieren.

Mit welchem Gerät kann man das Kaugummi vom Stoff entfernen?

a) Mit der Mikrowelle (Vorher ein bisschen Zitronensaft auf das Kaugummi, dann lösen Säure und Wellen alles auf.)

b) Mit der Gefriertruhe (Bei Kälte wird das Kaugummi hart und bröselt ohne große Gegenwehr ab.)

c) Mit dem Bügeleisen (Ähnlich wie bei Wachsflecken weicht die Hitze den Klebkram auf, und ein Löschpapier saugt ihn weg.)

Antwort: Lösung b ist richtig!

Wird es kalt, verliert das Kaugummi seine Elastizität und wird hart. So lässt es sich leicht abkratzen.

Warum ist das so?

Um ein Kaugummi in Kältestarre zu versetzen, ist nicht unbedingt eine Gefriertruhe notwendig, ein Kältespray reicht völlig aus. Damit lassen sich die lästigen Kleberlinge sogar aus Teppichen entfernen, die sonst ja auch nur mit Mühe in einen Gefrierschrank gestopft werden können.

Den Trick mit der Kältebehandlung nutzen auch Recyclingfirmen, die alte Autoreifen verwerten. In flüssigem Stickstoff wird das Gummi so hart, dass es mit ein paar kräftigen Schlägen in Stücke springt und sogar zu einem feinen Pulver zerrieben werden kann. Einer zweiten Karriere als Baumatte oder Fußbodenbelag steht dann nichts mehr im Wege.

Ein modernes Kaugummi ist übrigens mehr als nur Gummi mit Geschmacksstoffen. Neben der eigentlichen Kaumasse enthält es Verdickungsmittel, Weichmacher, Emulgatoren, Zucker oder Süßstoff, Aromen, Farbstoffe, Antioxidationsmittel und ein Wachs, mit dem verhindert wird, dass die Kaugummis aneinander kleben. Dieses Wachs könnte doch ein prima Schutz für die Hose sein – zur Vorbeugung bei Kinobesuchen.

clever! entdeckt

Schon die alten Ägypter kannten Kaugummi. Vermutlich nagten sogar die Steinzeitmenschen auf Baumharzen herum. Die kommerzielle Produktion begann aber erst 1848, als der US-Amerikaner John Curtis ein Kaugummi nach indianischem Rezept auf den Markt brachte.

Warum auf dem Tisch, wenn es auch darunter geht?

Es ist immer das gleiche Theater mit den Preisverleihungen beim Fernsehen: Jeder will hin, aber keiner will da sein. Jeder will reden, aber niemand will zuhören. Jeder hält sich für clever, aber

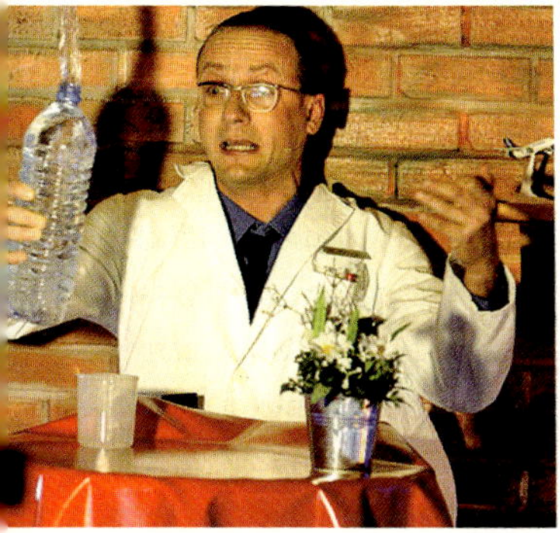

nur der, den Herr Boning einlädt, darf das in clever! unter Beweis stellen. Entsprechend groß ist das Gebettel und Gejaule.

Um seine intellektuelle Überlegenheit zu demonstrieren, gibt Herr Boning bei solchen Gelegenheiten gerne eine Kostprobe seines physikalischen Genies und klebt seinen mit Wasser gefüllten Trinkbecher kurzerhand an die Unterseite eines zufällig herumstehenden Glastisches. (Böse Zungen behaupten, er nehme deshalb die Unterseite, weil er nicht an die Oberseite heranreicht. Eine infame Unterstellung, denn zu diesem Zweck führt Herr Boning stets ein patentiertes Falthöckerchen in der Tasche seines Laborkittels mit sich.) Großes Staunen, bewundernde Ahs! und kleinlaute Prominente – denn der Becher bleibt tatsächlich kleben.

Warum bleibt der Becher an der Glasplatte hängen?

a) Das Wasser klebt am Glas (Interne Kräfte und der Luftdruck halten es am Tisch.)

b) Das Plastik des Bechers klebt am Glas (Der Kunststoff lädt sich elektrostatisch auf und saugt sich fest.)

c) Die Spucke am Becherrand enthält klebende Proteine (Deshalb leckt man auch Briefmarken an.)

Antwort: **Lösung a ist richtig!**

Das Wasser schließt am Becherrand das Innere des Bechers vom Außenraum ab. Um abzufallen, muss im Becher ein Unterdruck entstehen. Der größere äußere Luftdruck lässt das nicht zu.

Warum ist das so?

Wasser kann eine ganz schön zähe Angelegenheit sein. Das liegt

an den Anziehungskräften seiner Moleküle. Untereinander bilden sie ständig neue Bindungen aus, formen ganze Gruppen, die «Cluster» genannt werden, um sich kurz darauf wieder neu zu arrangieren. Als Folge hält Wasser recht gut zusammen – was Herr Boning und seine Wissenschaftlerkollegen als Kohäsion bezeichnen. Diese Kräfte sorgen dafür, dass ein dünner Wasserfilm nicht reißt, sondern einigermaßen stabil ist.

Für das Aneinanderhaften von Stoffen sind die Adhäsionskräfte zuständig. Jedes Material besitzt für die Wassermoleküle eine gewisse Attraktivität, weil sich die ein oder andere Bindung herstellen lässt. Bei saugenden Oberflächen klappt das so gut, dass ein Wassertropfen darin total verschwindet. Dies sieht man beispielsweise, wenn man ein Taschentuch in ein Wasserglas hält. Glas ist da deutlich weniger wasserfreundlich, trotzdem reichen die Adhäsionskräfte aus.

Die Hauptarbeit verrichtet nämlich jemand anderes: der Luftdruck. Er bewegt sich so um 1000 Hektopascal, oder anders formuliert: Die Luftsäule über uns drückt auf jeden Quadratmeter mit einer Gewichtskraft von 10 Tonnen! Kein Wunder, wenn man morgens mit Kopfweh aufwacht, bei dieser Last. Zum Glück presst der Druck aus allen Richtungen, sodass wir zwar ein wenig knautschig aussehen, aber zumindest nicht ständig Gewichtheber spielen müssen. Richtig bemerkbar macht sich der Druck erst dann, wenn es einen Druckunterschied gibt. In so einem Fall drängen die Luftmoleküle mit Macht vom hohen zum niedrigen Druck und reißen alles mit sich, was im Wege steht.

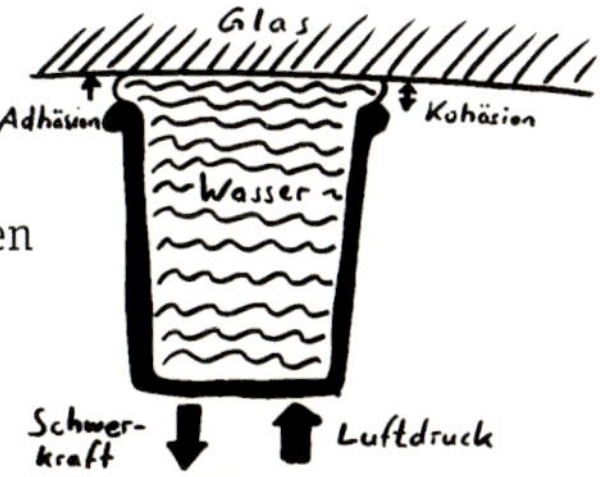

Für Nochbesserwisser

Bei einem leeren Plastikbecher reichen sogar die Adhäsions- und Kohäsionskräfte alleine aus, um ihn am Tisch kleben zu lassen. Sie können das ausprobieren, indem Sie ein Loch in den Becherboden bohren, durch das die Luft nachströmen kann. Mit einem gut befeuchteten Rand funktioniert der Schwebetrick trotzdem.

Damit wären die drei Komponenten für den klebenden Wasserbecher zusammen: Die Adhäsionskräfte des Wassers sorgen für den Kontakt zum Glastisch und schließen das Becherinnere vom äußeren Raum ab. Die Kohäsionskräfte verhindern, dass der Wasserfilm zwischen Becherrand und Glas reißt und von außen Luft eindringen kann. Zieht die Schwerkraft nun den Becher nach unten, müsste sie stark ziehen, um einen Unterdruck in seinem Inneren zu erzeugen und die ganze Bescherung erfolgreich vom Tisch zu lösen. Das verhindert jedoch der Luftdruck, der gegen den Becher presst. Was bleibt der Physik da anderes übrig, als den Becher am Tisch hängen zu lassen?

Nun, da der Trick verraten ist, muss Herr Boning sich für die nächste Fernseh-Gala wohl eine neue Showeinlage einfallen lassen.

clever! zu Hause

Für dieses Experiment muss die Tischplatte ganz glatt und sauber sein. Am besten eignet sich ein Glastisch, den Sie mit etwas Alkohol gereinigt haben. Füllen Sie einen Plastikbecher randvoll mit Wasser (kein kohlensäurehaltiges Wasser verwenden), drücken Sie ihn von unten an die Tischplatte und lassen Sie los. Anschließend dürfen Sie staunen – oder die Kleckerei wieder wegwischen.

Schlagartig getestet

In seinem Streben nach Erkenntnis ist der clevere Mensch ständig auf der Suche nach Antworten auf die großen Fragen: Woher kommen wir? Gibt es Leben auf fernen Planeten? Und: Wie doof kann man eigentlich sein?

Wertvolle Hinweise für die Lösung des zuletzt genannten Rätsels gibt es an jedem elektrisch geladenen Weidenzaun. Verbergen Sie sich an einem warmen Sommertag hinter einem lauschigen Gebüsch mit guter Sicht auf den Zaun und warten Sie, bis ein paar gelangweilte Vorschulknirpse vorbeistreunen (das Experiment ist auch an lauen Abenden durchführbar, wenn das Scheunenfest im Nachbardorf sich seinem Ende zuneigt – die Jungen sind dann zwar schon älter, wegen des erhöhten Alkoholspiegels im Blut aber kein bisschen klüger). Mit ein wenig Glück werden Sie schon bald Zeuge einer der weltweit ältesten (und blödesten) Mutproben: «Wetten, du traust dich nicht, gegen den Zaun zu pinkeln?» Mann traut sich natürlich fast immer und demonstriert dem Beobachter eindrucksvolle Zuckungen. Wenn das nicht dämlich ist – wo es doch eine sichere Methode gibt, den Zaun auf Strom zu testen.

Wie kann man prüfen, ob im Weidenzaun Strom fließt?

a) Mit einem 50-Euro-Schein (Bei den Strompreisen läuft ohne Geld gar nichts.)

b) Mit einer Vogelfeder (Ihre Fasern sträuben sich wie eine Drahtbürste.)

c) Mit einem frischen Grashalm (Der Grund, weshalb Kühe Gras fressen.)

Antwort: **Lösung c ist richtig!**

Nur der Grashalm leitet den elektrischen Strom. Gleichzeitig bietet er genug Widerstand, um dessen Wirkung abzumildern.

Warum ist das so?

Kaum zu glauben: Ausgerechnet der elektrische Strom, der so wichtige Geräte antreibt wie Fernseher, Computer und Schirm-

mützen mit eingebauten Ventilatoren, ist eigentlich ein ganz fauler Typ. Er fließt nämlich am liebsten da, wo ihm der geringste Widerstand entgegensteht. Metalle sind seine bevorzugten Durchgangsstrecken, aber zur Not nimmt er auch die Ausweichmöglichkeit durch wässrige Lösungen von Salzen. Den

Für Nochbesserwisser

Bereits Stromstärken von 50 Milliampere können lebensgefährlich sein. Da der menschliche Körper einen Widerstand von ungefähr 1000 Ohm bietet, entspricht dies einer Wechselspannung von
Stromstärke mal Widerstand gleich Spannung
0,05 Ampere · 1000 Ohm = 50 Volt.
Somit sind schon 50 Volt Wechselspannung für Menschen extrem gefährlich!

Urin der pinkelnden Maulhelden zum Beispiel. Zum Leidwesen der männlichen Dummköpfe sind auch unsere Zellen randvoll gefüllt mit Salzlösungen, und so leitet der menschliche Körper ebenfalls ganz gut. Im Nu ist der Kontakt Weidenzaun-Mensch-Erdboden hergestellt, der Strom nutzt die unerwartete Chance zu fließen, und die Jungs bekommen das auf schmerzhafte Art und Weise zu spüren.

Da ist es doch empfehlenswerter, den Stromfluss mit einem zusätzlichen Widerstand etwas einzuschränken. Das Papier des Geldscheins und die Vogelfeder sind zu starke Isolatoren, als dass überhaupt noch Strom fließen könnte. Der Grashalm hingegen enthält wie unser Körper salziges Wasser und leitet schwach. Halten wir ihn an den Strom führenden Zaun, wird aus dem unangenehmen Britzeln ein leichtes Kitzeln. Als Mutprobe natürlich völlig ungeeignet, dafür aber ein untrügliches Merkmal für ein cleveres Köpfchen!

Der elektrische Strom hat auf uns Menschen vor allem deshalb einen derart starken Effekt, weil unser eigenes Nervensystem ebenfalls mit Spannungen und Strömen betrieben wird. Will eine Nervenzelle das Kommando geben, dass unser Finger auf der Fernbedienung die neue Folge von clever! einschaltet, wandert das Signal als Änderung der elektrischen Spannung über lange Ausläufer zur Nachbarzelle. An der Schnittstelle zwischen den beiden Zellen übertragen chemische Botenstoffe den Befehl, und so geht es immer weiter von einer Zelle zur nächsten, bis das Kommando abermals chemisch auf den Muskel übertragen wird. Der zieht sich dann zusammen – und Sie haben ein gutes Programm in der Glotze.

Unangenehm und sogar lebensgefährlich kann es werden, wenn von außen zu viel Strom in den Körper gerät. Die kleinen Schocker vom Weidenzaun sind zu schwach, um wirklich Schaden anzurichten. Ab einer Stromstärke von 10 bis 15 Milliampere

clever! entdeckt

Die Stromstärke gibt an, wie viel Strom fließt. Sie wird in der Einheit Ampere nach dem französischen Physiker André Marie Ampère (1775–1836) gemessen.

pfuscht der Strom aber den Körpersignalen ins Handwerk: Die Muskeln verkrampfen sich, und man bleibt eventuell am Strom «kleben». Ist die Atemmuskulatur betroffen, können wir nur schwer Luft holen. Noch heftiger wird es ab 50 Milliampere. Der Strom erreicht nun das Herz und bringt es völlig aus dem Tritt. Anstelle der üblichen rund 70 Schläge pro Minute versuchen die Herzmuskeln, den vermeintlichen Befehlen der Steckdose zu folgen und 50-mal pro Sekunde zu schlagen. Die Folge: gefährliches Herzkammerflimmern. An den Eintritts- und Austrittsstellen des Stroms kann es außerdem zu Verbrennungen kommen, ganz zu schweigen von den schweren inneren Schäden. Je länger der Strom durch den Körper fließt, umso schlimmer sind die Folgen.

Bevor sich jemand beim Urinieren am Weidenzaun ernstlichen Schaden zufügt, schlägt Herr Boning für Kindsköpfe und alkoholisierte Jugendliche ein anderes Pinkelspiel vor: Namen in den Schnee pieseln. Ist im Sommer ein bisschen schwieriger zu organisieren, dafür aber weniger unfallträchtig.

Nachgehakt

Die elektrischen Signale des Körpers messen Ärzte, wenn sie die Aktivität von Herz (EKG, Elektrokardiogramm), Muskel (EMG, Elektromyogramm) oder Gehirn (EEG, Elektroenzephalogramm) überprüfen.

Der Turm muss weg!

Erinnern Sie sich noch an den Turmbau zu Babel? Die Sache ist ja damals fürchterlich schief gelaufen, und das Monstrum musste noch vor Fertigstellung wieder abgerissen werden. Eine ähnlich scheußliche Architektursünde hat ein entfernter Bekannter von

Herrn Boning, dessen Name hier aus bestimmten Gründen nicht genannt werden soll, direkt vor seinem Schlafzimmerfenster stehen: einen ausgedienten Fabrikschornstein, dessen produktive Aufgaben nach China ausgewandert sind und der nun einen mahnenden Schatten des dunklen Missmanagements auf die Siedlung wirft. Für die Anwohner ein klarer Fall: Das Ding muss weg. Allerdings ohne bei der Sprengung jemandem aufs Dach zu fallen. Und auch die Straße bedarf keiner neuen Schlaglöcher.

Also muss die geplante Nacht-und-Nebel-Aktion den Turm zielgenau in eine bestimmte Richtung zum Einsturz bringen. Wie gut, wenn man in solchen Situationen einen Fachmann wie Herrn Boning kennt, der praktisch tagtäglich auf seinem Weg ins Studio Bauten zum Einstürzen bringt. Wenn auch selten geplant.

Wo muss der Sprengsatz angebracht werden?

a) Kreisrund verteilt um den ganzen Turm (Damit er punktgenau in sich zusammensackt.)

b) In Fallrichtung (Die Sprengung zieht ihm gewissermaßen das Standbein weg.)

c) Auf der entgegengesetzten Seite der Fallrichtung (Die Wucht der Detonation wirft ihn dann in die korrekte Richtung.)

Antwort: Lösung b ist richtig!
Die Sprengung auf der zur Fallrichtung weisenden Seite nimmt dem Turm seine Stütze, und er bricht unter seinem eigenen Gewicht in die gewünschte Schneise.

Warum ist das so?

Wenn es ums Kaputtmachen geht, lässt Herr Boning niemand anderen die Studio-Experimente machen. Und so zündet er selbst zuerst die Ladung, die er rund um den Turm befestigt hat. Die macht dem Koloss zwar ordentlich zu schaffen, birgt aber auch ein großes Risiko: Mit ein bisschen Pech sackt der Koloss nämlich nicht vollständig in sich zusammen, sondern bleibt auf halbem Wege stecken. Übrig bleibt eine höchst instabile Bauruine, an die sich kein Sprengmeister mehr heranwagt – zu groß wäre die Gefahr, dass im falschen Moment Teile herabstürzen. Mit der Kreissprengung kommen wir also nicht weit.

Auch die Variante mit der Explosion, die den Turm in entgegengesetzter Richtung zu Fall bringt, dürfte den Anwohnern nicht sonderlich gefallen. Dafür wäre eine viel größere Wucht nötig – und die verteilt wiederum munter Ziegelsteine in der ganzen Gegend.

Die richtige Lösung, nämlich die Sprengsätze auf der Seite der Fallrichtung anzubringen, kennen Sie womöglich aus eigener

Für Nochbesserwisser

Explosivstoffe verbrennen oder zersetzen sich mit hoher Geschwindigkeit, wobei beträchtliche Gasmengen freigesetzt werden. Dadurch entsteht ein gewaltiger Überdruck, der alles zerreißt, was sich dem ausbreitenden Gas in den Weg stellt. Bei militärischen Sprengstoffen liegt diese Detonationsgeschwindigkeit bei ungefähr einem Kilometer pro Sekunde. Im Bergbau und in Steinbrüchen finden langsamere Explosivstoffe Anwendung.

Erfahrung in der Vorweihnachtszeit. Beim Fällen eines Tannenbaums empfiehlt es sich, zunächst eine Kerbe in die Seite zu schlagen, in die der Baum kippen soll, und erst dann auf der gegenüberliegenden Seite die haltenden Fasern mit der Säge zu kappen. Besonders bei Weihnachtsbäumen von mehr als drei Meter Höhe lohnt sich diese Vorgehensweise, denn ansonsten könnte der Baum beim Neigen Ihre Säge kurzerhand festklemmen oder Sie

beim Sturz unter sich begraben. Nehmen Sie dies als Warnung von einem altgedienten Baumschubser aus den kanadischen Urwäldern – ja, auch Herr Boning hatte früher einmal ein Gardemaß von fast zwei Metern …

Anders als ein Weihnachtsbaum benötigt der Turm nach der Sprengung in Fallrichtung keine weiteren Handgriffe, um auf den Boden der Tatsachen aufzuschlagen. Sein eigenes Gewicht zieht ihn einfach herunter. Dafür muss das Fallmaul – so nennt der Experte die Kerbe – etwa die Hälfte des Turmdurchmessers ausmachen.

clever! entdeckt

Den Namen Alfred Nobel (1833–1896) verbinden wir meistens mit dem Nobelpreis. Tatsächlich stammt ein großer Teil des Vermögens, aus dem der Preis finanziert wird, aus Nobels explosiven Erfindungen. Um Sprengungen weniger gefährlich zu machen, entwickelte er das Dynamit. Eigentlich für zivile Zwecke, aber weniger geistreiche Köpfe entdeckten, dass man sich damit auch gegenseitig in die Luft sprengen kann.

Wenn sich der Staub über den Ruinen gelegt hat, ändert sich automatisch auch die Einheit, mit welcher der Turm vermessen wird: von Meter auf Kubikmeter.

Nachgehakt

Feuerwerkskörper für die Silvesterknallerei enthalten mehrere Komponenten: eine brennbare Substanz (häufig pulverförmiges Aluminium, Magnesium oder Phosphor), einen Lieferanten von genug Sauerstoff für eine schnelle Verbrennung (beispielsweise Kaliumperchlorat) und verschiedene Metallverbindungen für die bunten Farben.

Maxiblitze mit Mikrowellen

Was zieht Menschen bloß in die Wissenschaft? Ist es die Ruhmessucht, die den emsigen Forscher in muffige Labors und sterile Räume zwingt, nur um nach Jahren aufopferungsvollen Strebens jenseits des wahren Lebens festzustellen, dass die Thermosflasche bereits erfunden ist? Oder der schicke weiße Kittel, durch den einen die Leute in der Fußgängerzone ständig mit «Professor Brinkmann» anreden und einem die Narben ihrer Gallensteinoperation zeigen? Oder sind es die kreischenden Groupies, die jede Nacht hoffnungsvoll vor der Institutstür auf einen kernigen Forschertypen warten?

Nein! Alles falsch! In Wirklichkeit ist es die Folge des kindlichen Du-sollst-das-doch-nicht!-Traumas. Nur als Wissenschaftler darf man sich ungestraft Erbsen in die Nase stecken, verschiedenfarbige Socken über die Ohren ziehen und alles Greifbare in die Mikrowelle stopfen. Darum probieren Sie diesen Versuch nicht in der heimischen Küche aus! Sonst kann Ihnen das Ding um die Ohren fliegen. Solchen Unsinn überleben allenfalls Wissenschaftler – und Herr Boning.

NICHT nachmachen!

Was passiert mit Stahlwolle in der Mikrowelle?

a) Sie wird schwerer (Eine Art Schnellrostung für eilige Zeitgenossen.)

b) Sie wird entmagnetisiert (Die Wellen zerstören die Magnetstruktur des Stahls.)

c) Sie verklumpt (Der Stahl schmilzt teilweise und verklebt beim Abkühlen.)

Antwort: **Lösung a ist richtig!**

Der Stahl verbindet sich mit dem Luftsauerstoff. Dabei entsteht Rost, der schwerer ist als reiner Stahl.

Warum ist das so?

Traditionell wird unser Essen auf einem Gas- oder Elektroherd zubereitet und dort langsam von außen nach innen erwärmt. Nicht so im Mikrowellenherd. Denn der liefert nicht die direkte

Hitze, sondern stattdessen elektromagnetische Strahlung – eben die Mikrowellen –, mit denen sich das Mahl selbst erwärmen kann. Die Wassermoleküle im Gemüse, Braten oder Pudding nehmen dafür einen Teil der Mikrowellenenergie auf und fangen an zu schwingen. Dabei reiben sich die Moleküle aneinander und an den übrigen Bestandteilen des Essens, wodurch Wärmeenergie entsteht – wir kennen den Effekt vom winterlichen Händereiben. In der Mikrowelle gart das Essen folglich innen und außen gleichzeitig.

Stahlwolle enthält hingegen kein Wasser. Sie besteht vor allem aus Eisen und wird produziert, indem eine Maschine einen Draht über breite Messer aus besonders gehärtetem Material zieht. Je nach Riffelung der Messer ergibt das grobe oder feine Wolle.

Im Mikrowellenherd nehmen die Stahlfäden die Energie der Mikrowellen auf und erhitzen sich dadurch stark. Funken schlagen, Flammen züngeln – die Stahlwolle scheint richtig zu brennen. Und tatsächlich läuft genau das ab: Das Eisen oxidiert, wie der Fachmann sagt. Umgangssprachlich heißt es einfach «rosten». Dabei verbindet sich das Eisen mit dem Luftsauerstoff:

Eisen + Sauerstoff = Eisenoxid (Rost)

Auch wenn der Sauerstoff ein Gas ist, wiegt er doch etwas. Diese Masse kommt zu der Masse vom Eisen hinzu – und die Waage zeigt mehr an.

Um das Eisen zu schmelzen, reicht die Temperatur in der Mikrowelle allerdings nicht aus. Daher verklumpt auch nichts.

Für Nochbesserwisser

Mikrowellen sind Teil des elektromagnetischen Spektrums. Je nach Wellenlänge der Strahlung unterscheidet man zwischen Radiowellen (bis zu mehreren Kilometern), Mikrowellen, Infrarotlicht, sichtbarem Licht, ultraviolettem Licht, Röntgenstrahlung und Gammastrahlung (weniger als ein milliardstel Millimeter). Die Wellenlänge von Mikrowellen liegt etwa zwischen einem Millimeter und einem Meter.

Das Experiment hätte übrigens mit Goldwolle nicht geklappt. Abgesehen von den Schwierigkeiten, im Haushaltswarenladen um die Ecke genügend Goldwolle zu bekommen, ist Gold ein zu edles Metall. Es zeigt keinerlei Bestreben, an einer chemischen Reaktion teilzunehmen, schon gar nicht an einer Oxidation.

Chemiker ordnen die Metalle ihrer Reaktionsfreudigkeit entsprechend an: Beginnend mit dem unedlen Magnesium, das bei jeder Gelegenheit Feuer und Flamme ist (und dafür früher in der Fotografie als Blitzmittel eingesetzt wurde), geht es über

clever! entdeckt

Der Mikrowellenherd wurde bereits 1947 von dem Amerikaner Percy Spencer (1894–1970) erfunden. Spencer hatte keinen Schulabschluss und sich sein Wissen im Selbststudium erarbeitet. Dennoch reichte er im Laufe seines Lebens rund 300 Patente ein.

Aluminium, Zink, Eisen, Kupfer, Silber und Gold bis zum hochedlen Platin, dessen Atome von Chemie gar nichts wissen wollen. Seien Sie darum auf der Hut, wenn Ihr Verlobter Ihnen einen Trauring aus Eisen oder Zink an den Finger stecken möchte – dahinter stecken keine sonderlich edlen Absichten.

clever! zu Hause

Die Gewichtszunahme beim Rosten können Sie zu Hause ganz ungefährlich ohne Mikrowelle verfolgen. Dazu wiegen Sie einen Bausch Stahlwolle aus dem Baumarkt mit einer möglichst feinen Waage. Tauchen Sie ihn anschließend in Wasser und lassen Sie ihn in einer feuchten Ecke des Kellers einige Zeit liegen, bis er gut angerostet ist. Nach einem Tag Trocknen (wir wollen ja kein Wasser mitwiegen) noch einmal auf die Waage legen.

Das 20-Sekunden-Ei

Es geht ja heutzutage alles viel zu schnell: Man ist schon mit zwanzig Jahren ein Grufti, wird über Nacht ein Popstar, ist in der halben Zeit wieder vergessen, und der Sommer währt nicht mehr als drei Tage. Höchstens. Da heißt es, das Leben temporal zu tunen und in allen Feinheiten zu optimieren. Wer abends nicht die Schuhe auszieht, wenn er ins Bett geht, spart sich am nächsten Morgen das langatmige Schleifenbinden. Kalter Kaffee aus dem Tetrapak kann auch ganz lecker schmecken. Doch das schlimmste Zeitgrab ist dieses vermaledeite Frühstücksei! Geschlagene fünf Minuten braucht es, um sicher und ganz und gar durchgekocht zu sein. Das muss sich doch beschleunigen lassen. Wozu haben clever!-Freunde schließlich ihre High-Tech-Küche?

Wo kocht man ein 5-Minuten-Ei in nur 20 Sekunden?

a) In der Mikrowelle (Darin geht alles fixer.)

b) Im Backofen (Am besten mit Umluftgebläse.)

c) In einem Wasserbad in einer Unterdruckkammer (In Höhenluft sinkt die Siedetemperatur deutlich ab.)

Antwort: **Lösung a ist richtig!**

Mit einem kleinen Trick ist das Ei in Sekundenschnelle gar gekocht und die Mikrowelle trotzdem noch sauber.

Warum ist das so?

Der Backofen schafft es beim besten Willen nicht, so flink die Wärme in das Ei zu bringen. Auch das Wasserbad in Höhenluft versagt. Zwar siedet Wasser bei niedrigerem Druck schon bei tieferen Temperaturen, doch das Ei benötigt mindestens 80 Grad, um gar zu werden. Auf dem Mount Everest würde es darum eine halbe Ewigkeit dauern, bis das Frühstücksei fertig ist.

Und die Mikrowelle? Ei rein, Schalter drücken – und fertig ist die Sauerei! Die Strahlen erhitzen das Ei superschnell, das Innere dehnt sich aus, aber die dicht abschließende Schale ist im Weg. Der Druck wird größer und größer – bis die Schale platzt. Es gehört eben noch das gewisse clever!-Wissen hinzu, um erfolgreicher Eier-Schnellkocher zu werden. Dieses Mal kommt das i-Tüpfelchen in Form eines Schnapsglases daher. Schlagen Sie das Ei in das Glas und stellen Sie es im Glas in die Mikrowelle. Wieder erhitzt die Strahlung Dotter und Eiklar in Sekunden, doch diesmal steht der Ausdehnung keine starre Eierschale entgegen: Die Luftmoleküle in der Mikrowelle werden einfach beiseite gedrängt. Sobald es Bing! macht, steht dem radikal beschleunigten Frühstücksgenuss nichts mehr im Wege.

Nur von der Form sollten Sie sich nicht irritieren lassen: Denn natürlich hat das Ei die Form des Schnapsglasinneren. Vielleicht lassen Sie es am besten darin und löffeln direkt aus dem Glas. Das spart obendrein die Ausgaben für Eierbecher – und auch Sparen ist ja ein Gebot unserer postmodernen Zeiten.

Trickreicher Blütenzauber fürs Wohnzimmer

«Lasst Blumen sprechen!», denken sich Männer, wenn ihnen zum zehnten Hochzeitstag so gar nichts mehr einfällt. Und so wandern je nach Veranlagung Rosen, Nelken oder Butterblumen von

Gewächshaus, Garten oder Wiese in das heimische Wohnzimmer. Doch inmitten der frostigen Atmosphäre und in direkter Konkurrenz zum Pantoffelkino halten selbst die plapperfreudigsten Blümchen ihren Mund. Ein paar Tage versuchen sie noch, hübsch auszusehen, dann gehen sie betrübt in sich und ein.

Nicht so im Hause Boning! Mit einer kleinen Unterstützung, die selbst den Doping-Kontrolleuren von der Tour de France nicht auffallen würde, hält der Chef-Wissenschaftler von clever! das Grünzeug mit den bunten Köpfen länger in Form. Ein unschätzbarer Tipp für den nächsten Hochzeitstag also.

Was hält Schnittblumen länger frisch?

a) Eine Kupfermünze (Die antibakterielle Wirkung verhindert Fäulnis.)

b) Eine Glasmurmel (Der Trick ist von Whiskey-Experten abgeschaut.)

c) Eine Portion Zucker (Die Nährstoffe peppen die Blumen auf.)

Antwort: **Lösung a ist richtig!**

Kupfer hemmt das Wachstum von Bakterien, die ansonsten den Sauerstoff im Wasser verbrauchen und die Gefäße der Pflanzen verstopfen.

Warum ist das so?

Blumen in der Vase könnten eigentlich glücklich sein – wenn da nicht die Bakterien wären. Die vermehren sich so stark, dass sie in kurzer Zeit den Sauerstoff im Wasser aufbrauchen und anschließend auf übel riechende Gärungen umsteigen. Die Bakterien setzen sich in die Leitungsgefäße der Blume und verstopfen diese. Die Zellen der Pflanze können nicht mehr atmen und sterben ab. Gibt man dann noch Zucker in das Blumenwasser, stürzen sich die Mikroorganismen auf den Energielieferanten, und die Bakterienkolonien wachsen noch schneller. So schlimm wird es mit einer Glasmurmel nicht – denn die tut gar nichts, weder etwas für noch gegen die Frische der Blumen.

clever! entdeckt

Gediegenes Kupfer wurde bereits um 6000 v. Chr. verarbeitet, ab 100 v. Chr. auch als Messing-Legierung. Sogar das Recycling von Kupfer blickt auf eine lange Tradition zurück: Der Römer Plinius (23–79 n. Chr.) mahnte an, ein Drittel Altmetall in eine Schmelze zu geben.

Für Nochbesserwisser

In geringen Mengen ist Kupfer für den Körper lebensnotwendig. Es kommt als wichtiger Bestandteil in manchen Enzymen vor, die den Stoffwechsel in Gang halten. Wir nehmen das Metall in ausreichender Menge mit der Nahrung zu uns, und eine kupferhaltige Nahrungsergänzung ist nicht nötig.

Opfern Sie hingegen eine kleine Cent-Münze, löst sich ein Teil des darin enthaltenen Kupfers und bringt den Stoffwechsel der Bakterien gehörig durcheinander. Sie vermehren sich deutlich langsamer, das Wasser bleibt länger frisch, und die Blumen strahlen noch tagelang Ihrer Gattin entgegen. Ähnlich wirken auch handelsübliche Zusätze für die Vase – dann aber zu einem kräftig höheren Preis.

Die antibakterielle Wirkung von einigen Metallen ist schon lange bekannt. In Aufzeichnungen aus der Zeit um 2500 v. Chr. wird berichtet, dass Kupfer zur Behandlung von Brustwunden eingesetzt wurde. Und noch heute enthalten manche Wundpflaster etwas Silber, um Keime abzutöten.

Wenn's aus der Küche knallt und stinkt

Wer regelmäßig clever! sieht, der weiß genau: Herr Boning gehört an den (Mikrowellen-)Herd. Und dieser wiederum gehört natürlich ... richtig: ins Labor! Denn

bei Frau Eligmann daheim hat Herr Boning seit Urzeiten Küchenverbot. So sind sie eben, die Frauen – kaum gibt es zwei, drei kleinere Explosionen pro Woche, schon wird Mann samt Lötkolben und Bunsenbrenner aus dem Reich der Gewürze, Düfte und kraftvollen Stromleitungen verbannt.

Was bleibt dem verkannten Genie da anderes übrig, als sein selbst gebrautes Bier in leicht ungewöhnlichen, küchenfremden Haushaltsgeräten gären zu lassen? Auch für ein saftiges Steak ist der geniale Wissenschaftler keineswegs auf eine Pfanne angewiesen.

Und so köchelt und brutzelt es überall in Herrn Bonings drei Wänden (die vierte setzen die Maurer morgen wieder ein – sie stand leider einer expansionsfreudigen Versuchssuppe im Wege). Der wahre Forscherdrang lässt sich eben auch durch gelegentliche Verpuffungen oder kleinere Missgeschicke nicht bremsen. Was ein echter Entdecker physikochemischer Welten ist, braucht eben eine robuste Küchenausstattung und einen widerstandsfähigen Magen. In diesem Sinne: Mögen die folgenden Spezialitäten aus der clever!-Küche Ihrem Wissenshunger munden!

Wie ein gedünsteter Fisch im Wasser

Im Zuge eines Umzugs kann schon mal die ein oder andere Kleinigkeit schief gehen. Vielleicht räumen Ihre Helfer die falsche Wohnung leer, der ausgestopfte Dinosaurier passt nicht durch die Wohnzimmertür, oder die Handwerker bauen Ihren Backofen mit

der Klappe zur Wand gerichtet ein. Alles kein Problem für den pannenerprobten Tüftler. Nichts dergleichen wird einen echten clever!-Jünger von seinem wohlverdienten Kerzenschein-Diner mit gedünstetem Seelachs abhalten. Schließlich gibt es noch reichlich andere Gerätschaften in einem High-Tech-Haushalt, die sich vorübergehend hervorragend als Kochstelle nutzen lassen. Eben echte Multifunktionsgeräte für clevere Köpfchen.

Worin kann man optimal Fisch zubereiten?

a) In der Spülmaschine (So wird der Fisch gleich auf frisch gespültem Geschirr serviert.)

b) In der Badewanne (Heißes Wasser, ordentlich Salz und eine Stunde ziehen lassen.)

c) Im Solarium (Ohne Sonnenschutzcreme wird der Fisch knusprig gar und sogar sanft entschuppt.)

Antwort: **Lösung a ist richtig!**

Nur die Spülmaschine hält lange genug die richtige Temperatur, um das Fleisch des Fisches zu garen.

Warum ist das so?

Wenn sich das Solarium tatsächlich für die Zubereitung unseres Fisches eignen würde, so könnte unsereins wohl kaum unbeschadet den Bräunungswonnen frönen. Denn das Eiweiß des Fisches gerinnt erst bei etwa 70 bis 80 Grad Celsius, was aus einem harmlosen Sonnenbankbesuch natürlich einen wahren Höllentrip machen würde. Das Wasser in einer Badewanne könnte man zwar auf diese Temperaturen bringen, es würde aber zu schnell abkühlen, um wirklich bis in die Tiefe wirksam zu sein. Und ständig heißes Wasser nachlaufen zu lassen empfiehlt sich bei den aktuellen Energiepreisen höchstens für Millionäre, die ihr Basilikum auch bei Fleurop bestellen.

Richtig gut gelingt der Fisch dagegen in der Spülmaschine. Die hält nämlich während der Arbeit ziemlich konstant 70 Grad Celsius. Damit er nicht mit dem Spülwasser in Kontakt kommt, muss man den Lachs nur in Alufolie oder einem handelsüblichen Bratschlauch verpacken, so können ihm auch die schmutzigen Pfannen und Teller rundherum nichts anhaben.

Für den kleinen Hunger zwischendurch empfiehlt sich übrigens der Eierkocher als Dünster. Auch darin gibt es Wasserdampf mit der richtigen Temperatur. Das wäre doch das passende Kaliber für ein einzelnes Fischstäbchen.

Echte Männer lieben es scharf!

Sicher haben Sie sich auch schon lange gefragt, warum Herr Boning während der Show stets einen Laborkittel trägt. Die Antwort ist erschreckend: Mit dem unschuldig weißen Stoff will er lediglich von den animalischen Instinkten ablenken, die auch heute noch tief im männlichen *Homo sapiens* schlummern und bei Gelegenheiten wie Fußballweltmeisterschaften, Skatabenden oder Treffen der Modelleisenbahnervereinigung unvermittelt zum Ausbruch kommen.

Zum Glück verlaufen die einst recht brutalen Kämpfe um die Rangordnung heutzutage nach streng ritualisierten Mustern. Ein knochenknackender Händedruck zur Begrüßung, heruntergestürzte Hochprozentika und das schärfste Essen von der Speisekarte, aber mit doppelt Chili, bitte! Das trennt den Mann von der Memme. Auch wenn dies alles mit typischen Männerschmerzen verbunden ist – weil Mann mal wieder etwas Dummes getan hat. Doch zum Glück gibt es die kleinen Tricks, mit denen sich clever!-Freunde an die Spitze der Hierarchie schwingen und stolz: Ich bin der Größte! grunzen können.

Was hilft gegen die Schärfe im Essen?

a) Warmes Wasser (Noch immer löscht Wasser in großen Mengen so manchen Brand am besten.)

b) Wodka (Es soll auch Leute geben, die den Wodka ohne Chili trinken, aber das gehört nicht hierher.)

c) Alkoholfreies Bier (Die Bitterstoffe des Hopfens neutralisieren die Schärfe des Chilis ohne Nebenwirkungen.)

Antwort: Lösung b ist richtig!

Die eigentlich scharfe Substanz löst sich nicht in Wasser, sondern in Alkohol. Darum spült Wodka die Schärfe weg, während Wasser sie nur im Mund verteilt.

Warum ist das so?

Wenn es so richtig brennt im Rachen, dann liegt die Schuld häufig bei einer Substanz, die der Chemiker Capsaicin oder einfach 8-Methyl-*trans*-6-nonensäure-(4-hydroxy-3-methoxybenzylamin) nennt. Dieser Stoff steckt vor allem in den Kernen und den weißlichen Scheidewänden der Chilischoten – das Fruchtfleisch selbst ist im Vergleich dazu

Für Nochbesserwisser

Was richtig scharf ist und wo die Stufen zur Hölle liegen, wollte der amerikanische Pharmakologe Wilbur Scoville (1865–1942) genau wissen. Er stellte eine Skala für Schärfe vom Chili-Typ auf. Als Maßstab galt, wie stark man eine Probe verdünnen musste, bis Testpersonen die Schärfe nicht mehr wahrnehmen konnten. Bei reinem Capsaicin liegt die Schwelle immerhin bei einem Gramm auf 10 000 Liter Zuckerlösung. Das entspricht 16 Millionen Scoville-Einheiten.
Heute misst man den Capsaicin-Gehalt mit chemischen Methoden, die weniger launisch sind als Menschenzungen. Zur Orientierung dient eine vereinfachende Klassifizierung mit elf Schärfegraden. Auf der liegt Gemüsepaprika bei null, Tabasco-Soße und Jalapeño-Chilis tummeln sich in der Mitte, und Spezialsaucen wie *Blair's Caldera* und *Blair's 16 Million Reserve* markieren das obere Ende des verschärften Wahnsinns.

Nachgehakt

Bei Kontakt mit Capsaicin wird die Haut stärker durchblutet, und das Gewebe erwärmt sich. Diesen Effekt nutzen manche Medikamente und Wärmepflaster.

eher harmlos. Mit jedem Happs einer scharfen Köstlichkeit gelangen die Capsaicin-Moleküle an jene Sinneszellen in der Mundschleimhaut, die normalerweise auf Hitze und Schmerz reagieren. Das Gehirn bekommt also die Meldung: «Au, verbrannt!», und schüttet als Notmaßnahme Endorphine aus – körpereigene Schmerzkiller, die dem Morphium ähneln und gleichzeitig ein Glücksgefühl hervorrufen können.

«Scharf» gehört aus biologischer Sicht nicht zu den Geschmacksrichtungen. Auf der Zunge befinden sich Sensoren für süß, sauer, bitter, salzig und «umami» (japanisch für «wohlschmeckend»), die Geschmacksrichtung von Glutamat, das vor allem in der asiatischen Küche eingesetzt wird.

Eines sollte man so oder so nicht tun: Wasser trinken! Weil sich Capsaicin nicht in Wasser löst, verteilt man damit die Schärfe nur im Mund. Auf das daraus resultierende Brennen wäre jeder Feuer speiende Drache neidisch. Auch Bier hilft da nicht weiter, egal, ob mit oder ohne Alkohol.

Nachgehakt

Nur Säugetiere empfinden Capsaicin als scharf oder sogar schmerzvoll. Bei Vögeln sind die entsprechenden Sinneszellen ein wenig anders aufgebaut, weshalb Chili sie nicht schrecken kann. Während Säugetiere die Kerne durch Zerkauen und ihre Magensäure zerstören, scheiden Vögel sie unverdaut an anderen Orten wieder aus. Wissenschaftler vermuten, dass die Natur diesen Unterschied vorgesehen hat, um die Verbreitung der Pflanzensamen zu befördern.

Hochprozentigere Getränke mildern dagegen wirklich das Leiden. Das Capsaicin löst sich im Alkohol und verschwindet mit ihm im Magen. Wer keinen Alkohol mag oder der Schärfe auf etwas gesündere Weise begegnen möchte, kann mit einem Stück Weißbrot oder einem Schluck Milch den gleichen Effekt erzielen.

Selbst gebraut nach Art des Hauses

Peinlich, peinlich: Ihre Frau hat die Schnatterdamen zu einem gemütlichen Bierabend vor der Glotze eingeladen – und Ihnen ist der Gerstensaft ausgegangen. Und natürlich haben um diese Uhrzeit längst alle Getränkemärkte geschlossen. Wohl dem, der sein

Bier in der heimischen Küche selbst zu brauen vermag. Denn nach deutschem Recht sind 200 Liter pro Jahr für den Eigenbedarf zulässig. Das dürfte für Otto-Normal-Schlucker ausreichen, liegt doch der durchschnittliche Jahreskonsum hierzulande bei 120 Litern pro Nase. Günstig sind die Zutaten auch, schließlich erlaubt das legendäre Reinheitsgebot von 1516 nur Hopfen, Malz, Hefe und Wasser – alles im gut sortierten Bioladen erhältlich. Muss also nur noch eine Frage geklärt werden, bevor die private clever!-Brauerei ihren süffigen Betrieb aufnehmen kann:

In welchem Haushaltsgerät kann man Bier brauen?

a) In der Mikrowelle (Zutaten schroten, vier Minuten bei 1000 Watt bestrahlen und dann einen Tag ziehen lassen.)

b) In der Kaffeemaschine (Es empfiehlt sich, für das Bier ein eigenes Gerät zu besorgen, sonst vermischen sich die Aromen.)

c) In der Waschmaschine (Ohne Schleudergang und kein Waschmittel zugeben.)

Antwort: Lösung c ist richtig!

Nur in der Waschmaschinentrommel lassen sich optimale Bedingungen für die Keimung des Getreides und die Gärung der Hefe herstellen.

Warum ist das so?

Bier brauen ist ein raffiniertes Wechselspiel aus Biologie und Verfahrenstechnik. Im ersten Schritt feuchtet man das Getreide an und lässt es keimen. Das dauert seine Zeit und wirft somit Schnellverfahren in der Mikrowelle oder Kaffeemaschine aus dem Rennen. Die Waschmaschine ist hingegen geduldig, sorgt für wohlige Temperaturen und ein angenehmes Klima, sodass die Enzyme in den Körnern die Stärke in Zucker verwandeln können. Diesen Vorgang, bei dem das so genannte «Grünmalz» entsteht, bezeichnen Bierbrauer als «Mälzen».

Das gekeimte Getreide wird geröstet, als «Darrmalz» geschrotet und mit Wasser vermischt. Dieser Brei heißt nun «Maische». Sie wird jetzt erhitzt, sodass noch mehr Stärke zu Zucker werden kann. Nach dem Abfiltern der Körnerreste haben wir nun die «Würze», in die dann endlich der Hopfen kommt. Dieser verleiht dem Bier seinen herben Geschmack und macht es haltbarer – zumindest solange es nicht in die Nähe einer durstigen Kehle gerät. Einmal aufgekocht, und alles konzentriert sich zur sortentypischen Stammwürze, nach der sich oft auch die spätere Besteuerung des Bieres richtet. Den wichtigsten Job übernimmt aber die Hefe. Sie vergärt einen Teil des vielen Zuckers zu Alkohol und

clever! zu Hause

Mögen Sie Ihr Weißbier am liebsten mit einer ordentlichen Schaumkrone? Dann geben Sie ein Reiskorn in das Glas. Die raue Oberfläche des Kerns verstärkt die Bildung von Kohlendioxidbläschen, und es entsteht mehr Schaum.

Kohlensäure. Hat das Bier genug Umdrehungen, wird die Hefe meistens entfernt. Nur bei wenigen Sorten darf sie sich weiter voll laufen lassen.

Das gesamte Procedere setzt somit einen Kessel voraus, der für Bewegung sorgt und sorgfältig geregelte Temperaturen halten kann – genau die richtige Aufgabe für eine Waschmaschine! Allerdings muss die für ihre neue Funktion ein wenig umgerüstet

Nachgehakt

Ein **Pils** wird mit weichem Wasser gebraut und schmeckt fein bitter. Der hohe Hopfenanteil verursacht einen festen Schaum von sahniger Konsistenz. Aus Pilsen stammt das Bier jedoch nur, wenn es die Bezeichnung Pilsner Urtyp trägt.
Das typisch süddeutsche **Weißbier oder Weizenbier** entsteht aus einer Mischung von Gersten- und Weizenmalz. Es enthält viel Kohlensäure und schäumt darum stark. Mit elf Prozent Alkohol in der Stammwürze gehört es zu den kräftigen Vollbieren. Die ungefilterte Variante heißt auch **Hefeweizen** und ist recht trübe, das gefilterte **Kristallweizen** ist dagegen klar und hell.
Kölsch darf nur im Kölner Raum gebraut werden. Es handelt sich um ein obergäriges Bier mit feinem Hopfenaroma.
Das **(Dortmunder) Export** zählt zu den untergärigen Bieren und hat mindestens 12,5 Prozent Stammwürze.

werden. Der Tüftler Marco Lodders gibt hierfür im Internet eine Anleitung (siehe auch www.chattenbrau.de).

Zum Bierbrauen eignen sich nur so genannte Toplader, deren Klappe sich nach oben öffnet. Um das seifige Aroma strahlend weißer Wäsche im Bier zu vermeiden, reinigt man den Apparat zunächst mit der Pingeligkeit des pedantischen Hausmannes. Anschließend wird der Sicherheitsschalter entfernt, der üblicherweise die Zeitverzögerung beim Öffnen des Deckels steuert. Auch der Thermo-Sicherheitsschalter würde nur stören, weil er das Kochen der Würze verhindert. Zum Ausgleich für den Heizstab erhält die Maschine einen vierpoligen Schalter, einen Schalter, um

Für Nochbesserwisser

Das Gewirr der Biersorten teilt sich bei genauerer Betrachtung in zwei große Gruppen: obergäriges und untergäriges Bier. Dabei kommt es auf die Hefe an – schwimmt sie nach dem Brauen oben auf dem Sud, handelt es sich um obergäriges Bier, das bei einer Temperatur von 15 bis 20 Grad Celsius gelagert wird. Setzt die Hefe sich am Boden ab, ist ein untergäriges Bier entstanden, das kühle 4 bis 9 Grad Celsius mag.

den Steuerwalzenmotor abzuschalten, und ein digitales Thermometer – gibt es alles im Baumarkt um die Ecke. Mit ein bisschen Geschick können Sie so innerhalb weniger Tage nicht nur strahlend weiße Wäsche, sondern auch ein kühles Blondes aus der heimischen Waschmaschine zaubern. Echte Freunde des Reinheitsgebotes werden ihren selbst gebastelten Braukessel aber vermutlich nicht mehr für die Reinigung dreckiger Klamotten hergeben – wer mag schon Bier der Sorte «Schlammiger Riese»?

So lecker und leicht ...

Warum macht all das dick, was lecker schmeckt? Herr Boning arbeitet ja seit Jahren fieberhaft an einer Theorie, die beweisen soll, dass über die Weihnachtsfeiertage nicht sein Umfang zunimmt, sondern das Universum schrumpft. Leider ist ihm bis

heute noch kein entscheidender Durchbruch gelungen, und so trainiert er sich bis Silvester in diszipliniertem Dauerjoggen um den Christbaum wieder seine Bikinifigur an. Andere Zeitgenossen greifen zu teuren kalorienreduzierten Esswaren, die mit dem Wörtchen *light* vorgeben, das Wohlstandsbäuchlein ganz *leicht* verschwinden zu lassen. Aber ist *light* auch wirklich leichter als die zuckerhaltige Konkurrenz? Um diese schwer wiegende Frage zu klären, müssen drei Flaschen mit Erfrischungsgetränken dran glauben und den Sprung ins kalte Wasser wagen: Cola, Sprite und Cola-light.

Was passiert mit den Flaschen im Wasser?

a) Alle drei schwimmen (Die dünnen Plastikwände wirken wie die Wände eines Schiffes.)

b) Alle drei gehen unter (Flüssigkeit und Kunststoff sind schwerer als Wasser alleine.)

c) Nur eine schwimmt (Weil light eben weniger auf die Waage bringt.)

Antwort: Lösung c ist richtig!

Weil der Süßstoff stärker süßt als Zucker, muss davon weniger in das Getränk, und die Flasche wird tatsächlich leichter.

Warum ist das so?

Ob etwas schwimmt oder nicht, hängt von der Dichte des jeweiligen Gegenstands ab. Ist sie größer als die Dichte von Wasser – ein Gramm pro Milliliter –, geht es abwärts in Richtung Seegrund. Bei geringerer Dichte sorgt das Wasser hingegen für genügend Auftrieb, und der Gegenstand hält sich tapfer an der Oberfläche.

Die Dichte berechnet sich wiederum aus dem Gewicht und dem Volumen. Da alle drei Getränkeflaschen gleich groß sind und ein identisches Volumen haben, kommt es folglich allein auf das Gewicht an. Ein Test mit der clever!-Waage zeigt am meisten für die normale Cola, etwas weniger für die Sprite, und noch weniger zuckt die Nadel für die Cola-light.

Schuld daran ist das jeweilige Süßungsmittel. «Zuckersüß» ist nämlich keineswegs der Gipfel der süßen Versuchung. Der Süßstoff, der für die Light-Variante verwendet wird, hat eine 50- bis 200fach stärkere Süßkraft als Zucker – entsprechend weniger Pulver muss in das braune Gemisch. Stecken in der Standard-Cola noch rund 100 Gramm Zucker, kommt die Light-Version mit einem Bruchteil davon aus. Sie ist darum leichter, mit einer geringeren Dichte, weshalb sie schwimmt. Also gut festbinden, wenn Sie bei der nächsten Party ihre Getränke im See kühl halten wollen – sonst paddelt die Erfrischung zum anderen Ufer davon.

Wenn es plötzlich etwas zu feiern gibt

Jedes Jahr Anfang Oktober das gleiche Trauerspiel: Gespannt hockt Herr Boning vom Morgengrauen an neben dem Telefon und wartet auf den überraschenden Anruf des Nobelpreis-Komitees, das ihm als Chefwissenschaftler des clever!-Teams die begehrte

Auszeichnung zuerkennt. Doch offenbar müssen die Herren seine Nummer verbummelt haben, denn zu mehr als einem siebten Platz beim Regionalwettbewerb *Tattergreise tüfteln* hat es bislang nicht gereicht. Dabei stellt er stets vorsorglich eine Flasche Schampus kalt, die er dann in seiner Enttäuschung gegen Mittag in einem Zuge leert. Wenn Frau Eligmann dann fürsorglich abends auf einen Sprung vorbeikommt, ist nur noch lauwarmer Prosecco da. Da bedarf es wohl eines echten Boning'schen Genies, um den edlen Tropfen in Windeseile auf die optimale Süffeltemperatur von acht bis zehn Grad Celsius zu bringen.

Was benötigt man, um Sekt blitzschnell zu kühlen?

a) Essig und Zucker (Den Zucker im Essig lösen, eine Serviette damit tränken, um die Flasche wickeln und das Ganze ins Eisfach legen.)

b) Wasser, Salz und Eis (In einem Sektkübel im Verhältnis 1:1:1 mischen und die Flasche hineinstellen.)

c) Alufolie und Zitronen (Mit Zitronensaft benetzte Alufolie wird im Kühlschrank zum Kälteschocker.)

Antwort: Lösung b ist richtig!

Das Salz löst sich auf, senkt die Schmelztemperatur des Eises und bringt es zum Schmelzen. Beide Prozesse entziehen dem Wasser Wärme und senken so auch die Temperatur des Sektes.

Warum ist das so?

Während die Alufolie mit Zitronensaft (Vorschlag c) nichts bringt

außer einer klebrigen Schweinerei im Kühlschrank, hätte das Eisfach (Vorschlag a) im Prinzip die richtige Temperatur. Allerdings dauert es viel zu lange, bis die kalte Luft auf den Sekt wirkt. Selbst nach einer Viertelstunde ist die Temperatur kaum abgesunken – da hilft auch kein stinkender Wickel.

Den Trick mit dem Salz und dem Eis (Vorschlag b) kennen Sie dagegen vermutlich vom lästigen Winterdienst, wenn es gilt, die rutschige Schlitterbahn vor Ihrer Haustür zu beseitigen. Und auch im Sommer nutzen wir denselben Kniff, dann allerdings in Form von Kühlakkus der Kühlbox, die ja auch mit Salzwasser gefüllt sind. Praktisch haben wir die Angelegenheit also voll im Griff, weshalb wir uns hier auf die Theorie konzentrieren können.

Wenn wir Wasser, Salz und Eis mischen, passieren mehrere Dinge gleichzeitig: Die Salzkristalle lösen sich auf, das Salz wird von Wasser umgeben, und das Eis schmilzt.

Fangen wir mit den schönen Salzkristallen an. Sie bestehen bei Kochsalz aus regelmäßig angeordneten elektrisch geladenen Atomen von Natrium und Chlor, die sich gegenseitig anziehen. Um sie

Nachgehakt

Wie kalt eine Salzlösung werden kann, hängt vom jeweiligen Salz ab. Mit Kochsalz (Natriumchlorid) lassen sich Temperaturen bis –21 Grad Celsius erreichen, Kalziumchlorid schafft sogar –40 Grad Celsius.

voneinander zu trennen, ist Energie nötig, die sich aus der Wärme des Wassers ziehen lässt. Dadurch sinkt die Temperatur ein wenig. Weil die Atome geladen, also so genannte Ionen sind, bildet sich um jedes von ihnen eine Wasserhülle. Dabei wird Energie in Form von Wärme frei, und die Temperatur des Wassers könnte eigentlich ansteigen, aber die abkühlenden Effekte sind stärker.

Die Salz-Ionen stören die Beweglichkeit der Wasserteilchen und verhindern, dass diese sich zu Eiskristallen zusammenfinden können. Der Schmelzpunkt des Eiswassers sinkt darum deutlich ab: Nicht bei den üblichen 0 Grad Celsius gefriert das Salzwasser, sondern erst bei unter –20 Grad Celsius! Dem Eis in unserer Mischung ist es darum viel zu heiß, und es schmilzt. Wie schon beim Auflösen des Salzes muss auch diesmal jedes Teilchen unter Einsatz von Wärmeenergie des Wassers von seinen Nachbarn getrennt werden. Dieser Übergang von fest zu flüssig kostet so viel Power, dass die Temperatur ohne weiteres auf unter –10 Grad Celsius sinkt.

Das ist immer noch wärmer als in der Tiefkühltruhe. Doch im Gegensatz zur kalten Luft im Eisfach entzieht kaltes Wasser einem Körper sehr schnell seine Wärmeenergie. Das merkt jeder, der zu lange im abgekühlten Badewasser sitzen bleibt. An der Luft sind niedrige Temperaturen eine Weile zu ertragen, aber im Wasser gibt es fix ein fröstelndes Bibbern. Wasser leitet die Wärme einfach besser als Luft.

Um das zu verstehen, schauen wir uns die Atome und Moleküle von ganz nahem an. Im Kalten bewegen sie sich kaum, wird es hingegen wärmer, schwirren sie hin und her, vibrieren und rotieren. Auf atomarer Ebene ist Wärme nichts weiter als Bewegung von Teilchen. Und bei jedem Zusammenstoß zweier Atome wird etwas Bewegungsenergie – also ein bisschen Wärme – übertragen. In Gasen wie Luft sind relativ wenige Teilchen auf großem Raum verteilt. Es kommt deshalb selten zu Kollisionen, und die Wärmeenergie wird schlecht weitergegeben. Im Wasser herrscht dagegen großes Gedränge, und jeder Zusammenstoß steuert seinen Teil zur Energiezufuhr bei.

Für Nochbesserwisser

0 Grad Celsius ist genau genommen nicht die Gefriertemperatur von Wasser, sondern dessen Schmelzpunkt. Mitunter sinkt die Temperatur nämlich unter diese Marke, und das Wasser «vergisst» zu gefrieren – es unterkühlt. Erst durch eine Erschütterung oder einen hineinfallenden Fremdkörper erstarrt es schlagartig. Im Gegensatz dazu ist der Schmelzvorgang viel zuverlässiger und somit besser als Nullpunkt der Temperaturskala geeignet.

Wie Weihnachten ohne Nussknacker

Gibt es etwas Schöneres, als sich im Sommer bequem im Liegestuhl zu fläzen, ein gutes Buch über Quantenchromodynamik zu lesen und dabei genüsslich das Wasser einer frisch geöffneten Kokosnuss zu schlürfen? Frau Eligmanns Traum vom Paradies auf

Erden könnte so leicht Wirklichkeit werden ... wenn sie nur diese vermaledeite Nuss geöffnet bekäme. Mit dem Taschenmesser hat sie ihr nicht einmal einen Kratzer in die braune Panzerung ritzen können, gegen Sprengungen im Garten haben die Nachbarn eine gerichtliche Verfügung erlassen, und die Axt scheidet aus, weil Herrn Boning nicht bereit ist, die fest verpackte Leckerei mit den Händen in Position zu halten. Also bleibt nur eine Wahl: Es muss mal wieder ein Küchengerät dran glauben. Darum sollten Sie diesen Versuch auf keinen Fall zu Hause nachmachen.

NICHT nachmachen!

Womit öffnet man eine Kokosnuss am schnellsten?

a) Mit dem Mixer (Scharfe Messer säbeln in bester Ninja-Manier die härteste Schale durch.)

b) Mit der Mikrowelle (Die Strahlen dringen durch jede Panzerung und richten dort ihr Unheil an.)

c) Mit der Waschmaschine (Im Schleudergang fällt auseinander, was den Menschen von seinem Essen trennt.)

Antwort: Lösung b ist richtig!

Die Mikrowellenstrahlung erhitzt das Kokoswasser, bis der entstehende Überdruck die Kokosnuss samt Mikrowelle aufsprengt.

Warum ist das so?

Dieses clever!-Problem ist eine so harte Nuss, dass die Lösung nicht ohne einen Haufen Schrott zu erlangen ist. Mit Sicherheit werden nämlich die Schneideblätter des Mixers und die Trommel der Waschmaschine eher das Zeitliche segnen als die hammerharte Schale der Kokosnuss.

Ungeduldige Gemüter werden darum versucht sein, mit dem Mikrowellenherd kräftig auf die Palmenfrucht einzudreschen, aber tatsächlich gibt es eine subtilere und effektivere Methode, an das saftige Fruchtfleisch zu gelangen: Man legt die Nuss in das Gerät und schaltet es auf volle Kraft. Die Strahlen dringen ungehindert durch die Schale und in das wässrige Innere. Das Wasser nimmt ihre Energie auf und erhitzt sich. Nun ist Wärme nichts anderes

NICHT nachmachen!

Für Nochbesserwisser

Die Kokosnuss ist gar keine Nuss, sondern eine Steinfrucht. Geerntet werden die grünen, unreifen Früchte, in denen die bei uns bekannte «Nuss» noch unter einer ledrigen und faserigen Schicht steckt. In Asien pflücken dressierte Affen die Kokosnüsse – eine schwierige Aufgabe, die die Tiere in speziellen Schulen erlernen müssen.

als schnelle Bewegungen von Atomen und Molekülen, wie wir im letzten Kapitel gesehen haben. Die Teilchen in der Kokosnuss flitzen also immer schneller hin und her, prallen dabei mit ständig steigender Wucht von innen gegen die Schale, und der Druck steigt und steigt im Inneren der Nuss. Bald schon reicht die entstandene Energie aus, um die Schale zu sprengen und die Mikrowellentür aus ihrer Verriegelung zu reißen. Das Gerät ist hin, die Küche verdreckt, aber die Kokosnuss ist offen!

Im Prinzip funktioniert dieser Einweg-Kokosnuss-Öffner wie ein Schnellkochtopf. Ebenso wie das Wasser unserer harten Nuss wird das Wasser im Schnellkochtopf erhitzt und entwickelt einen steigenden Druck. Allerdings hat der Kochtopf ein Ventil, das ab einem bestimmten Überdruck Dampf entweichen lässt. Nun wissen Sie, wozu das gut ist, denn ansonsten würde es dem Topfdeckel so gehen wie der Mikrowellentür: Er würde mit einem Knall durch die Küche sausen und unschuldiges Geschirr zerdeppern.

Nachgehakt

Ein besonderer Freund des Kokosnussfleisches ist der Palmendieb. Dabei handelt es sich um den größten an Land lebenden Krebs der Erde: Er wird immerhin bis zu 40 Zentimeter lang und wiegt bis zu vier Kilogramm. Mit seinen Scheren durchbohrt er die wie Augen aussehenden Keimlöcher der Kokosnuss und pult das Fleisch heraus. Besonders kräftige Exemplare können sogar die Schale zerknacken. Um an die begehrten Nüsse zu gelangen, klettert der Palmendieb in die Kronen der Bäume, wo er sich den Bauch füllt.

clever! zu Hause

Eine Kokosnuss zu öffnen ist selbst für erfahrene Heimwerker eine Herausforderung. Es empfiehlt sich bei allen Methoden, zunächst mit einem Nagel oder einem Schraubenzieher zwei Löcher in die «Augen» am oberen und unteren Ende der Frucht zu bohren. Durch eines der Löcher kann das Kokoswasser abfließen, durch das andere Luft ins Innere gelangen. Anschließend lässt sich die Schale mit einer Eisensäge zerteilen. Oder für eine Viertelstunde bei 200 Grad Celsius in den vorgeheizten Backofen legen, dann in ein Küchentuch wickeln und mit dem Hammer draufschlagen.

Nicht ohne meinen Kaffee!

Wissenschaft-Shows sind ein hartes Geschäft. Wer dennoch am Abend topfit sein will, muss sich etwas einfallen lassen, um den Organismus in Schwung zu bringen. Herr Boning blättert beispielsweise voller Enthusiasmus in der neuesten Ausgabe seiner Lieblingszeitschrift «Du und dein Teilchenbeschleuniger». Frau Eligmann schwört dagegen auf eine Tasse dampfenden Espresso. Das Koffein darin putscht so richtig schön auf – nicht umsonst hat Kaffee hierzulande mit einem halben Liter pro Tag und Person längst dem Bier den Rang als Volksgetränk Nr. 1 abgelaufen. Wenn da nur nicht diese Probleme mit dem Einschlafen wären … Doch mit ein wenig Gewusst-wie steht dem sanften Schlummer trotz Verwöhnaroma und Kaffeegenuss nichts im Wege – nach der Show, versteht sich!

Welches Getränk verursacht weniger Einschlafprobleme?

a) Espresso pur (Klein und stark, aber halt nur ein Quickie für den Organismus.)

b) Espresso mit Milch (Auch als Latte Macchiato geliebt und getrunken.)

c) Espresso mit Butter (Eine Kreation, die italienische Lebensfreude und tibetanischen Buttertee miteinander verbindet.)

Antwort: **Lösung a ist richtig!**

Wird der Espresso mit fetthaltiger Milch (oder Butter) vermischt, verzögert sich die Aufnahme des Koffeins im Dünndarm, und das Getränk hält länger wach.

Warum ist das so?

Espresso ist die schnelle Variante unter den Kaffees: Mit einem

Druck von neun Atmosphären drückt die Maschine 92 bis 94 Grad Celsius heißes Wasser durch gepresstes Kaffeepulver. Nach einer halben Minute ist die Tasse mit 30 Millilitern gefüllt. In so kurzer Zeit haben die meisten Bitter- und Gerbstoffe gar keine Gelegenheit, sich im Wasser zu lösen, und bleiben im Kaffeesatz zurück. Das macht den Espresso bekömmlicher als gewöhnlichen Filterkaffee! Der Koffeingehalt liegt mit rund 100 Milligramm pro 100 Milliliter allerdings höher als bei der traditionellen Konkurrenz, die es nur auf 70 Milligramm pro 100 Milliliter bringt – und

Nachgehakt

1997 lösten Wissenschaftler der Universität von Chicago eines der brennenden Probleme unserer Zeit: Warum hinterlassen Kaffeetropfen ringförmige Flecken, die in der Mitte heller sind? Mit einer komplexen Theorie beschrieben sie den Weg der farbigen Teilchen so: Am dünneren Rand eines Tropfens verdunstet mehr Wasser als im mittleren Bereich. Weil die Grundfläche des Tropfens gleich bleibt, fließt deshalb Flüssigkeit von der Mitte nach – und dabei transportiert sie die Farbstoffe nach außen. Ist schließlich alles Wasser verdunstet, bleibt der ringförmige Fleck übrig.

clever! entdeckt

Über den Ursprung des Kaffeegenusses ist nur wenig bekannt. Womöglich haben zuerst Hirten zerstoßene Kaffeefrüchte gekaut. Regelrechte Plantagen entstanden im 15. und 16. Jahrhundert in Arabien, von wo aus der Kaffee im 17. Jahrhundert seinen Siegeszug durch Europa antrat.

zwar unabhängig davon, ob man den Espresso pur trinkt oder vorher mit warmer Milch versetzt. Mit dem Espresso machen sich also in jedem Fall etwa 30 Milligramm Koffein auf den Weg in den Verdauungstrakt. Der Unterschied macht sich erst an der Grenze zwischen Magen und Dünndarm bemerkbar. Während der reine Espresso recht fix einfach durchläuft, geht es beim Latte Macchiato nicht ganz so schnell. Die Milch darin enthält Fette, auf deren Verdauung sich der Darm erst vorbereiten muss. Es ist ein wenig wie bei der Weihnachtsgans: Auch die liegt so lange schwer im Magen, bis der Darm alles vorbereitet hat, um die Proteine, Kohlenhydrate und Fette zu zerlegen und aufzunehmen. Vorher bleibt dem Braten der Weg versperrt.

Was bei der Gans durchaus sechs oder sieben Stunden dauern kann, geht beim Milchkaffee natürlich schneller, aber eine gewisse Verzögerung gibt es eben doch. Und erst nach dem O. K. des Darms gelangt das Koffein schließlich in den Blutkreislauf und den Körper.

Im Organismus angekommen, besetzt das Koffein fremdes Terrain. Es belegt auf den Nervenzellen die Andockstellen für den Botenstoff Adenosin. Über Adenosin regelt der Körper jedoch die Ruhepausen für die Nerven – mit dem Koffein auf diesen wichtigen Positionen fällt das Pausensignal aus, und die Arbeit geht mit vollem Schwung weiter. Für eine gewisse Zeit fühlen wir uns dadurch fit und leistungsfähig. Auf Dauer funktioniert der Arbeitszeitbetrug aber nicht. Die Zellen merken irgendwann, dass

Für Nochbesserwisser

Chemisch gesehen gehört Koffein zu den Alkaloiden. Außer im Kaffee kommt es auch in Tee, Kakao und einigen anderen Pflanzen vor.

sie um ihre Erholungspausen betrogen werden, und produzieren mehr Andockstellen für das Adenosin, und die Koffein-Blockade ist aufgehoben.

Bei normalem Kaffeegenuss regt das Koffein nicht nur das Zentralnervensystem an, sondern verengt auch die Blutgefäße etwas und steigert so den Blutdruck. Es verstärkt die Lungentätigkeit und beschleunigt den Stoffwechsel. Weil der reine Espresso bereits kurz nach dem Trinken in den Körper gelangt, treten diese Effekte sehr schnell ein, klingen aber auch bald wieder ab. Beim fetthaltigen Espresso mit Milch zieht sich die Wirkung wegen der verzögerten Aufnahme im Darm dagegen hin – und wir wälzen uns länger unruhig im Bett. Darum verzichtet Herr Boning ab sofort auch schweren Herzens auf seine Zartbitterschokolade vor dem Schlafengehen. Denn die enthält mit etwa 90 Milligramm Koffein ebenfalls eine gehörige Portion Wachmacher. Und auf seinen Schönheitsschlaf lässt Herr Boning nichts kommen – nicht einmal Schokolade!

Was Popeye noch nicht wusste

Zu den schönsten Pflichten einer Wissenschafts-Show gehört es, mit althergebrachten Legenden aufzuräumen. Darum: Obacht, Eltern und liebe Kinder! Spinat enthält gar nicht diese riesigen Eisenmengen, wie immer behauptet wird. In Wahrheit geht der Eisengehalt der grünen Blätter nicht über ein gutes Mittelmaß hinaus. Ach, das wussten Sie schon? Umso besser, immerhin wurde dieser beliebte Irrtum bereits in den 1930er Jahren aufgeklärt, konnte sich aber trotzdem bis in unsere Tage behaupten. Interessanterweise ist auch nicht ganz klar, wie es eigentlich zu einer derartigen Fehlannahme gekommen ist. Manche Quellen berichten, dass die Sekretärin des zuständigen Lebensmittelchemikers dessen Schrift nicht lesen konnte und anstelle der korrekten 3,0 Milligramm pro 100 Gramm sensationelle 30 Milligramm in ihre Unterlagen tippte. Andere Experten geben an, ein Schweizer Forscher habe den Eisengehalt in getrocknetem Spinatpulver gemessen, den dann irgendein Trottel direkt auf frischen Spinat übertragen hat. Dummerweise besteht dieser zu 90 Prozent aus Wasser.

Herr Boning hingegen schwört Stein und Bein, der Seemann Popeye sei schuld.

Welches Lebensmittel enthält tatsächlich so viel Eisen, dass es magnetisch wirkt?

a) Tiefgefrorener Spinat (Bei niedrigen Temperaturen reicht wenig Eisen aus.)

b) Cornflakes (Die Flocken schwimmen auf einen Magneten über der Schüssel zu.)

c) Schokolade (Enthält immerhin 5,9 Milligramm Eisen pro Tafel.)

Antwort: **Lösung b ist richtig!**

Cornflakes ist häufig feinstes metallisches Eisenpulver als Zusatzstoff beigegeben.

Warum ist das so?

Auch wenn die Schokolade tatsächlich eine ordentliche Portion Eisen mitbringt, lässt der Magnet sie völlig kalt. Wie in allen

Gemüsen und Fleischsorten liegt das Element im süßen Riegel in chemischen Verbindungen vor, die nicht auf magnetische Felder reagieren. Wäre es anders, könnten wir uns selbst Merkzettel mit Magneten an die Stirn bappen, denn auch in unserem Körper stecken zwei bis vier Gramm Eisen, vor allem im Blut. Ein erwachsener Mann bildet jeden Tag rund 250 Milliarden neue rote Blutkörperchen, die alle mit ausreichend Eisen versorgt sein wollen. Da heißt es, mit der Nahrung ständig Nachschub hineinzuschaufeln: etwa 10 bis 15 Milligramm am Tag. Während der Schwangerschaft oder in der Stillzeit kann es ruhig doppelt so viel sein.

clever! entdeckt

Den Magnetkompass haben die Chinesen erfunden. Allerdings nutzten sie die ersten Exemplare, um in einer Art Orakelspruch vorteilhafte Grabstätten für ihre verstorbenen Verwandten zu bestimmen. Dafür wurde ein löffelförmiger Magnetstein auf einer Tafel mit magischen Schriftzeichen gedreht. Auf Schiffen dient der Kompass etwa seit 1100 zur Navigation.

Eisen ist demnach überlebenswichtig. Magnetisch verhält es sich aber vor allem in seiner metallischen Form. Und genau so steckt es in vielen Cornflakes. Laut Packungsaufdruck enthalten die Flocken 23 Milligramm Eisen auf 100 Gramm – und zwar in Form von ganz feinem Pulver. Weicht man die Flakes ordentlich ein, zermanscht sie zu Brei und hält einen wirklich starken Magneten dran, lässt sich das Eisenpulver sogar als dunkler Staub

clever! zu Hause

Wie viel Eisen ist in welchem Lebensmittel?

Vollkornbrot: 3 mg
Thymian: 20 mg
Pfefferminze: 10 mg
Karotte: 2 mg
Kürbiskerne: 13 mg
Schweineleber: 15 mg
Rindfleisch: 3 mg
Hühnerei: 2 mg

Jeweils in 100 Gramm verzehrbarem Anteil.

herausziehen. Aber auch mit einem gewöhnlichen Kühlschrankmagneten ist ein Test in der heimischen Müslischüssel möglich: einfach etwas Milch eingießen, einige Cornflakes draufstreuen und den Magneten drüberhalten. Wie plattgedrückte Entenküken schwimmen sie auf ihn zu. Was also lernen wir daraus? Beim nächsten Urlaub bloß keine Cornflakes ins Handgepäck! Sonst könnte ein übereifriger Metalldetektor am Flughafen die Ferienfreuden auf ungewisse Zeit hinausschieben.

Falls Ihnen übrigens noch nichts für die Weihnachtswunschliste eingefallen ist, könnten Sie sich für ein paar witzige Experimente einen ultrastarken Magneten schenken lassen. Champions erreichen bei einer Kühlung auf –270 Grad Celsius Feldstärken, die dem 400 000fachen des Erdmagnetfeldes entsprechen. Damit provozieren sie selbst in normalerweise völlig unmagnetischen

Nachgehakt

Spinat mag nicht sonderlich viel Eisen enthalten - gesund ist er dennoch. Er enthält so genannte Xanthophylle, die mit dem Vitamin A verwandt sind, dazu Folsäure und Vitamin C. Am besten genießt man ihn roh im Salat, dann gehen die wertvollen Inhaltsstoffe nicht durch Erhitzen verloren.

Stoffen ein Magnetfeld, das dem äußeren Feld entgegengerichtet ist. Es kommt zu einer abstoßenden Kraft, und bei richtiger Einstellung schwebt ihre Probe – egal, ob es sich um eine Tomate, ein Gummibärchen oder einen Schluck Milch handelt. Allerdings sollten Sie vor dem Einschalten unbedingt alle metallischen Gegenstände in weitem Umkreis entfernen. Sonst kann es passieren, dass der Magnet kurzerhand Ihre Nägel aus den Wänden reißt und die Zimmerlampe von der Decke holt.

Diätbrecher auf der Schönheitsfarm

Einmal im Jahr ist Entschlackungskur angesagt bei Frau Eligmann und Herrn Boning. So richtig auf der Wellness-Welle surfen – mit Honigmassage, Quarkaromatherapie und ... Gesundheitskost. Der Salat mit Magerbrötchen-Croûtons kann sich aber noch so vita-

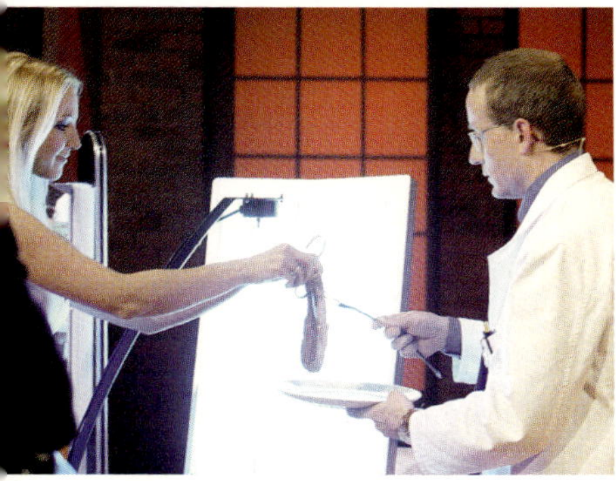

minstrotzend anstrengen: Herrn Bonings Urinstinkte verlangen spätestens am zweiten Tag nach einem ordentlichen Stück Fleisch mit ganzen Pfefferkörnern. Doch wie zubereiten, ohne die wachsamen Augen von Frau Eligmann mit diesem Rückfall in kulinarisches Barbarentum zu malträtieren? Der Chefkoch verrammelt seit dem Besuch des clever!-Teams im letzten Jahr vorsorglich die Küchentür, Gaskocher auf den Zimmern sind wegen der ständigen Explosionen zu verräterisch, und der selbst gebaute Feuerzeuggrill bräuchte schätzungsweise dreißig Jahre, um das T-Bone-Steak auf Stufe medium zu bringen. Bleiben dem geplagten Forschermagen nur drei Möglichkeiten:

Wo wird das Steak gar?

a) In der Sauna (Auf der obersten Bank versteckt, da, wo es am heißesten ist.)
b) Im Hosenbügler (Ein bisschen Alufolie rundherum schützt die Beinkleider nachfolgender Gäste vor unschönen Blutflecken.)
c) Vor dem Gesichtsbräuner (Der macht doch so manchen Anblick viel knuspriger.)

Antwort: **Lösung a ist richtig!**

In der Sauna steigt die Temperatur auf annähernd 100 Grad Celsius – genug, um Fleisch zu garen.

Warum ist das so?

Damit Fleisch gar wird, muss es ausreichend erhitzt werden. Der Gesichtsbräuner ist dabei keine große Hilfe – er wird nicht viel

heißer als 30 Grad Celsius. Ein Hosenbügler schafft immerhin 75 Grad, was für ein Spiegelei ausreichen würde, keinesfalls aber für einen argentinischen Rinderhintern. In einer Sauna klettert das Thermometer jedoch bis an die 100 Grad, dazu noch heißer Wasserdampf – ein schonendes Garen wie im Dampfkochtopf. Es mag zwar eine Weile dauern, doch in der Sauna wird ein Steak schließlich gar.

Da drängt sich doch sofort die Frage auf, warum wir denn nicht samt Handtuch gleich mitgebraten werden. Den Grund dafür sehen Sie an heißen Sommertagen unter jeder Achselhöhle: Menschen schwitzen, wenn Ihnen zu heiß wird. Als warmblütige

Nachgehakt

Schwitzen ist normal und bei hohen Temperaturen sogar gesund. Wenn man jedoch ständig in Schweiß gebadet ist, steckt vielleicht mehr dahinter. Als Hyperhidrosis bezeichnen Mediziner diese Erkrankung, deren Ursachen noch nicht ganz geklärt sind. Oft ist die Überfunktion der Schweißdrüsen nur ein Hinweis auf eine andere Grunderkrankung, beispielsweise eine Fehlfunktion der Schilddrüse.

Nachgehakt

Saunieren ist gesund – allerdings nur, wenn Ihr Körper grundsätzlich fit ist. Bei Beschwerden am Herzen, mit dem Kreislauf, Entzündungen oder Infektionen kann die Schwitzkur eine zu starke Belastung darstellen.

clever! entdeckt

Das Wort «Sauna» stammt aus dem Finnischen und bedeutet so viel wie Erd- oder Schneegrube. Vermutlich reicht die Schwitzbadpraxis im heißen Dampf bis in die Steinzeit zurück. Damals wurden Zelte oder Erdgruben mit erhitzten Steinen beheizt, über die ab und zu Wasser gegossen wurde.

Wesen verfügen wir über ein ausgeklügeltes System zur Temperaturregelung. Der Sollwert der Körpertemperatur liegt um die 37 Grad Celsius. Kühlt der Körper darunter ab, schmeißt der Mensch mit Zittern und Bibbern die Heizung an. Denn kälter als 32 Grad darf er nicht für längere Zeit werden. Steigt die Temperatur dagegen über 42 Grad, gerinnen lebenswichtige Eiweiße, und der Mensch stirbt.

Davor schützt ihn die Verdunstungskälte des Schweißes. Aus den Blutbahnen direkt unter der Haut tritt Wasser in die Schweißdrüsen, vermischt sich mit Salz und weiteren Substanzen und gelangt schließlich auf die Hautoberfläche. Weil die Wasserteilchen im Schweiß sich gegenseitig anziehen, kostet es Energie, einzelne Moleküle aus dem Teilchenverband herauszulösen und verdunsten zu lassen. Diese Energie entzieht der Schweiß dem Körper als Wärme und kühlt ihn dadurch ab. Deshalb steigt unsere Körpertemperatur in der heißen Sauna um lediglich ein Grad in zehn Minuten. Während eines Ganges, der zwischen acht und 15 Minuten dauern sollte, kommen wir so auf rund 38 Grad Celsius – nicht mehr als leicht erhöhte Temperatur.

Dem Steak fehlt ein ähnlicher Schutzmechanismus. Selbst in seiner Ausgangsform als Rind kann es praktisch kaum schwitzen. Darum fängt es bei zu großer Hitze an zu hecheln wie ein Hund. Sie sollten Ihre Lieblingskuh also besser nicht in die Sauna mitnehmen. Wie die meisten Haussäugetiere hat sie keine Schweißdrüsen. Eine Ausnahme bilden hier Pferde, denen nach einem schnellen Ritt der Schweiß in Strömen aus dem Fell fließen kann.

Das Putzen nach dem Knall

Woran denken Sie, wenn es bei Ihnen in der Küche Krawumm! macht? Frau Eligmann bleibt in solchen Situationen völlig ruhig und bestellt per Internet gleich eine neue Mikrowelle. Der Händler kennt sie schon und gewährt ihr großzügigen Mengenrabatt. Denn

bei jedem Besuch bei seiner geschätzten Kollegin zieht es Herrn Boning magisch in die Küche, wo er «mal eben etwas ausprobieren» möchte. Zu Frau Eligmanns tiefstem Bedauern kann ihn nichts von seinen Plänen abhalten: kein dreifaches Sicherheitsschloss in der Küchentür, kein Iris-Scan oder lasergestützter Fingerabdruck-Check, nicht einmal ein beißwütiger Wellensittich. Umso erstaunter war die geduldige clever!-Fee, als Herr Boning letzte Woche mit den Worten: «So, die Mikrowelle ist wieder sauber!», absolut explosionsfrei vom Ort seiner üblichen Schandtaten zurückkehrte. Und wirklich: Ein skeptischer Blick in die Küche offenbarte einen funkelnden Mikrowellenherd ohne Schmauchspuren oder Scheuerstreifen. Es steckt wohl doch ein kleiner Meister Propper im Manne.

Mit welchem Lebensmittel bekommt man eine Mikrowelle sauber?

a) Mit einem Ei (Die Proteine lösen sogar Fettkrusten von den Wänden.)

b) Mit Zitronen (Außerdem duftet es danach schön frisch.)

c) Mit Hefe (Enzyme, die sonst Bier brauen, knabbern alle Rückstände weg.)

Antwort: Lösung b ist richtig!
Der Zitronensaft löst Kalk und bereitet so den reinigenden Wischgang vor.

Warum ist das so?

Mit dem Ei oder der Hefe können Sie die Mikrowelle höchstens richtig eindrecken, sodass anschließend dringend eine Reinigung nötig ist. Dafür nehmen Sie dann am besten ein paar Zitronen zur Hand. Schneiden Sie diese in Stücke oder Scheiben und geben das Ganze mit etwas Wasser in eine Schüssel. Nun stellen Sie das Süppchen in den Herd und lassen ihn eine Minute bei voller Leistung laufen. Die Zitronensäure verteilt sich mit dem Wasserdampf im Innenraum und löst Kalkablagerungen. Danach lässt sich die Mikrowelle ganz leicht mit einem Tuch auswischen. Falls Sie keine Zitronen im Haus haben, tut es auch Essig, aber der duftet nicht so schön.

Die Zitronensäure wirkt deshalb so gut, weil sie den Kalk mit drei Armen ihres Moleküls umklammert und ihn so in einen

Für Nochbesserwisser

Die Zitrone gehört zu den Rautengewächsen und gedeiht in tropischen und subtropischen Gebieten als Baum von drei bis sechs Meter Höhe. Die Zitrone selbst ist aus botanischer Sicht eine Beere. Bei guten Bedingungen kann man mehrmals im Jahr bis zu 2000 grüne Früchte ernten, die auch nach dem Pflücken noch weiterreifen. Nach Europa gelangte die Zitrone im Mittelalter, zuvor lag ihre Heimat im Nahen Osten.

clever! zu Hause

Zitronensaft ist eine klassische Geheimtinte. Einfach mit einem Pinsel auf einem Blatt Papier schreiben und trocknen lassen. Der Text ist unsichtbar, bis man das Papier vorsichtig erwärmt – am sichersten geht das mit einem Bügeleisen.

Komplex mit einschließt. Ökologisch orientierte Reinigungsmittel enthalten darum häufig Zitronensäure. In der Industrie wird die Komplexbildung sogar genutzt, um Rohrleitungssysteme frei von Eisen- und anderen Metallablagerungen zu halten oder um Schwefeldioxid aus Rauchabgasen zu fangen.

Als E330 ist Zitronensäure in vielen Lebensmitteln enthalten. Sie wirkt konservierend, säuert leicht an und verhindert eine vorzeitige Oxidation. Außer in Zitronen, wo sie fünf bis sieben Prozent des Saftes ausmacht, kommt sie in vielen anderen Pflanzen vor, darunter Äpfel, Birnen, Himbeeren, Johannisbeeren und Wein. Sogar in der Milch ist sie zu finden.

Ihre größte Bedeutung erreicht die Substanz jedoch im nach ihr benannten Zitronensäure-Zyklus. Dabei handelt es sich um eine der zentralen Drehscheiben im Stoffwechsel von Mensch, Tier, Pflanze und vielen Bakterien. Nehmen wir mit der Nahrung Fette, Proteine oder Kohlenhydrate auf, zerlegen spezielle Enzyme in den Zellen die Stoffe zu kleinen Einheiten, die in den Zitronensäure-Zyklus gelangen und von hier aus zur Produktion körpereigener Strukturen weitergeleitet werden. Auch beim Energiestoffwechsel stellt er eine wichtige Zwischenstation dar. Der Zitronensäure-Zyklus ist dabei an keinen bestimmten Ort im Körper gebunden, sondern eine Folge chemischer Reaktionen, die immer dort stattfinden, wo es etwas zu tun gibt.

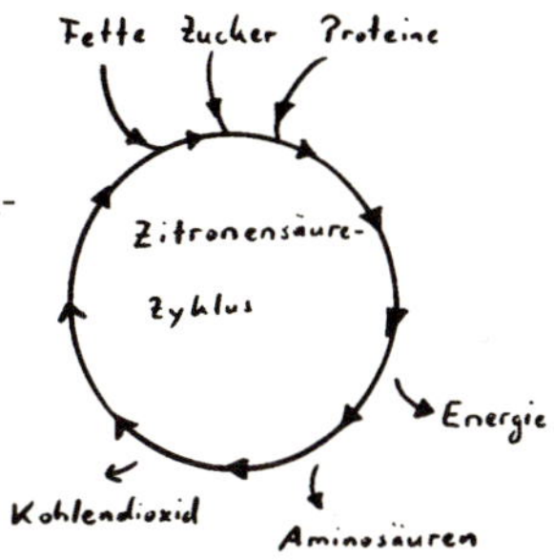

Nachgehakt

In Südamerika hat Zitronensaft eine wichtige medizinische Bedeutung. Zwei Esslöffel in einem Liter Wasser reichen aus, um den Erreger der gefürchteten Cholera abzutöten. Eine effektive Art, trinkbares Wasser zu erhalten, die selbst in den armen Regionen des Kontinents erschwinglich ist.

Unser Körper kann die notwendige Zitronensäure selbst herstellen, wir brauchen sie folglich nicht mit der Nahrung aufzunehmen. In geringen Mengen fördert sie das Wachstum der Knochen, zu viel Zitronensäure wirkt jedoch giftig.

clever! entdeckt

Carl Wilhelm Scheele isolierte die Zitronensäure 1784 aus dem Saft von Zitronen – daher der Name.

Mit viel Schrubben ist jetzt Schluss

Nachdem Frau Eligmann Herrn Boning für die unerwartet explosionsfrei verlaufene Reinigung der Mikrowelle mit einem charmanten Augenaufschlag belohnt hat, ist der clever!-Mann vom Putzteufel besessen. Leider hält er kein langes Scheuern durch,

deshalb greift er immer wieder auf ein bewährtes Hausmittel zurück: die Oma. Die ist zwar auch nicht kräftiger, hat dafür aber jede Menge Tricks auf Lager. Zum Beispiel für die verkrustete Herdplatte, wenn die Milch für den Haferbrei mal wieder übergelaufen ist. Den groben Dreck schabt sie ab, so weit konnte Herr Boning sich auch noch helfen. Die unschönen Reste attackiert sie dann aber mit einem althergebrachten Kniff, der sich zugleich wunderbar für eine clever!-Frage eignet.

Was reinigt am besten die Herdplatte von Resten festgebrannter Milch?

a) Spinat (Der enthält zwar wenig Eisen, dafür sind aggressive Säuren drin.)

b) Fußpuder (Das Peeling gegen die Hornhaut wird spielend mit der Milch fertig.)

c) Essig (Ob Kalk oder Milch, in Minutenschnelle ist alles blitzeblank.)

Antwort: Lösung a ist richtig!
Im Spinat steckt Oxalsäure, die Verkrustungen aufweicht.

Warum ist das so?

Gegen Kalkflecke ist Essig (Vorschlag c) tatsächlich ein machtvoller Verbündeter – nur besteht die Milchkruste dummerweise aus verbranntem Protein. In diesem Fall hilft Essigsäure ebenso wenig

wie der Fußpuder (Vorschlag b). Dessen Peeling dringt nämlich nicht tief genug ein, um im Laufe eines Tages mit dem Putzen fertig zu werden.

Wirkungsvoll ist nur das Blattgemüse (Vorschlag a). Es sieht zwar nicht unbedingt appetitlich aus, spart aber eine Menge Mühe – einfach den Spinat heiß machen und auf dem verschmutzten Herd verteilen. Dabei spielt es keine Rolle, ob Sie ein Ceranfeld oder herkömmliche Herdplatten haben; sogar Töpfe aus Edelstahl lassen sich so reinigen. Nach etwa einer halben Stunde Einwirkzeit sind die Verkrustungen aufgeweicht und lassen sich ohne Anstrengung abwischen.

Die eigentliche Arbeit erledigt die Oxalsäure im Spinat. Sie ist wesentlich stärker als Essigsäure und eine wahre Chemiekeule. In der Textilfärberei dient sie als Beizmittel, die Industrie bleicht damit Stearin und reinigt Metalle von Rost. Tinten mit «Berliner Blau» enthalten ebenfalls Oxalsäure, weil sich darin der Farbstoff gut löst.

Im menschlichen Körper ist Oxalsäure allerdings kein willkommener Gast. Der Organismus wehrt sich dagegen mit Erbrechen und Durchfall. Gelingt es ihm nicht, den Giftstoff loszuwerden oder irgendwie unschädlich zu machen, geht das ganz schön auf die Nieren: Es können sich Nieren- oder Blasensteine bilden. Bei hohen Konzentrationen wird außerdem der Kalziumstoffwechsel gestört.

Na gut, dann esse ich eben einfach keine Oxalsäure, werden Sie sagen. Dummerweise kommt der Stoff aber in einigen Lebensmitteln vor, die teilweise sehr lecker sind. In einem Kilogramm Spinat stecken zwischen 350 und 750 Milligramm Oxalsäure oder deren Salze. In Rhabarber sind es 250 bis 1000 Milligramm, im Kakao 400 bis 600 und in der Schokolade immerhin noch 80 bis 200 Milligramm. Damit die Oxalsäure uns nicht den Genuss versauert, sollte man diese Leckereien grundsätzlich zusammen mit anderen Lebensmitteln verzehren, die ordentlich Kalzium enthalten, das die Oxalsäure bindet. Also zum Rhabarberkompott stets Sahne, Pudding, Milchreis, Vanillesauce usw. Vor diesem Hintergrund ist sogar der «Blub» im Spinat gar keine so üble Idee.

Zweimal hinsehen! Aber genau, bitte!

Es ist nur wenige Jahrhunderte her, da kam man für den Satz: «Ich glaube nur, was ich mit meinen eigenen Augen gesehen habe!», auf einen der beliebten Scheiterhaufen

mit kostenloser Warmmiete. Kaum war diese Gefahr gebannt, kamen die wunderbaren Fortschritte des postaufklärerischen Technikzeitalters über uns: Elektromagnetische Wellen, Radioaktivität und freie Parkplätze in der Innenstadt sind allesamt unsichtbar, sollen aber angeblich tatsächlich existieren.

Auf der anderen Seite gaukelt unser visueller Sinn uns mitunter Dinge vor, die gar nicht oder zumindest nicht so sind, wie sie aussehen. Um von den vermeintlich objektiven eigenen Augen hereingelegt zu werden, brauchen Sie nicht einmal die Wüste nach einer Fata Morgana abzusuchen oder im Schnellrestaurant den Burger auf Ihrem Tablett mit dem Werbefoto über der Kasse zu vergleichen. Es reicht ein Blick zum aufgehenden Mond: Warum ist der in Horizontnähe nur so viel größer als hoch droben am Himmel? Oder sollte es sich dabei doch um eine optische Täuschung handeln? Zumal einige Fernsehzuschauer auch dem seltsamen Irrtum erlegen sind, Herr Boning sei eher unterdurchschnittlich groß ... Frau Eligmann hat jedenfalls seit der ersten clever!-Show beschlossen, überhaupt nicht mehr zu glauben, was sie mit eigenen Augen sieht. Zumindest so lange, bis Herr Boning eine hieb- und stichfeste Erklärung nachgeliefert hat.

Unten dick und oben dünn?

«Der Mond ist aufgegangen» – falls Ihre Kinder dieses schöne Volkslied jemals auf einer Geige gesägt haben, sind Sie sicher längst der mythischen Aura des Erdtrabanten erlegen. Doch in der Regel stehen wir Frau Luna recht sachlich gegenüber. Erklärten

sich unsere Vorfahren die Mondphasen noch mit der Legende, ein großer Wolf würde den Mond regelmäßig fressen und wieder hervorwürgen, überlegt der börsenmakelnde Mensch lediglich, ob es mehr Rendite bringt, Aktien vor oder nach Neumond zu kaufen. Doch selbst der *Homo financicus* kann sich des bewundernden Staunens nicht erwehren, wenn am Abendhimmel der Mond tief über den Dächern der Stadt hängt. Einige Stunden später, nachdem die Bars und Restaurants ihre Tresen dichtgemacht haben, erscheint er zwar mächtig höher, aber auch deutlich kleiner.

Warum wirkt der Mond in Horizontnähe größer?

a) Die Atmosphäre vergrößert ihn wie eine Lupe (Aus dem Weltall betrachtet, ist die Lufthülle so gekrümmt, dass sie das Mondlicht umlenkt.)

b) Es ist alles nur eine optische Täuschung (Der Mond ist auf seiner Wanderung in Wahrheit gleich groß.)

c) Die Entfernung zwischen Mond und Erde verändert sich (Wenn der Mond näher ist, sieht er natürlich auch größer aus.)

Antwort: **Lösung b ist richtig!**

Knapp über dem Horizont steht der Mond meistens in der Nähe von Bäumen und Häusern, mit deren Größe und Entfernung wir ihn vergleichen können. Das Gehirn folgert daraus auf seine enorme Größe. Hoch am Himmel fehlt der Vergleich.

Warum ist das so?

Auch wenn die Antwort mit der Lupenwirkung unserer Atmosphäre (Vorschlag a) hochwissenschaftlich klingt, ist sie dennoch nicht mehr als ein verbreiteter Irrglaube. Die Lichtbrechung in der Luft reicht nicht aus, um die vermutete Vergrößerung zu bewirken. Allerdings kann sie für ein schönes Farbenspiel sorgen. Wie das Sonnenlicht setzt sich das reflektierte weiße Licht des Mondes nämlich aus dem gesamten Regenbogenspektrum zusammen. Bei tief stehendem Mond wird der blaue Farbanteil in der Atmosphäre in alle Richtungen gestreut und der rote Anteil nach unten abgelenkt. Dadurch erscheint uns der Mond abgeflacht und mit rötlichem Gesicht. Außerdem sehen wir ihn höher über dem Horizont, als er in Wirklichkeit ist. Sozusagen ein luftiger Knick in der Optik.

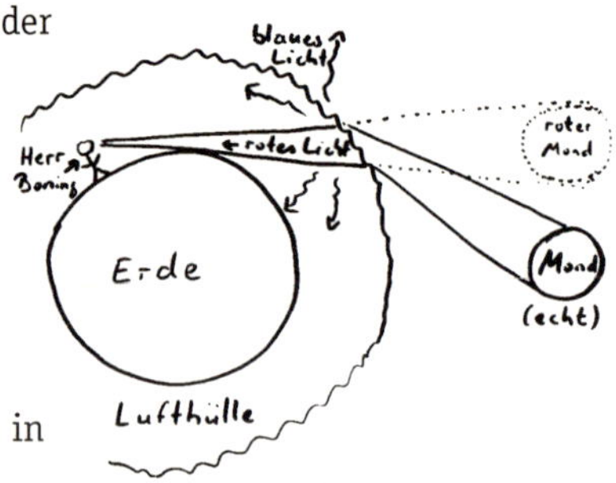

Dass die Entfernung zwischen Mond und Erde sich ständig verändert (Vorschlag c), ist zwar auch richtig – die geringste Distanz beträgt 356 500 Kilometer, die größte 406 700 Kilometer –, aber das spielt sich in Zeiträumen von Tagen und Wochen ab. Für den Zeitraum einer Nacht bleibt der Abstand so gut wie gleich.

Die Illusion vom aufgeblähten Mond in Horizontnähe zerstört spätestens die Fotografie: Auf Bildern ist nämlich eindeutig zu sehen, dass der Mond in jeder Höhe gleich groß ist. Da hat uns also irgendetwas zum Narren gehalten. Und zwar unser sonst so geniales Gehirn. Beim Auge kommen die Lichtstrahlen der Himmelskörper durchaus immer mit den korrekten Größeninfos an. Doch unsere grauen Zellen verarbeiten beim Anlegen des Maßstabes noch ein paar andere Faktoren. So berücksichtigen sie die Entfernung des jeweiligen Objekts. Deshalb wissen wir, dass Frau Eligmann am Kandidatentisch genauso groß ist, wie wenn sie

Für Nochbesserwisser

Astronomen geben die scheinbaren Durchmesser von Objekten in Winkeln an. Ein voller Kreis (sozusagen der gesamte Himmel auf Nord- und Südhalbkugel der Erde) hätte 360 Grad (360°). Was kleiner als ein Grad ist, wird in Minuten gemessen, wobei 60 Minuten einem Grad entsprechen (60′ = 1°). Noch feiner sind Sekunden (60″ = 1′). Der Vollmond hat einen scheinbaren Durchmesser von 31 Minuten und 5 Sekunden (31′5″).

in der hintersten Zuschauerreihe im Studio steht – obwohl unser Auge alleine etwas anderes meldet. Der Fachmann nennt diesen normalerweise klugen Vorgang «Größenkonstanz».

Um vernünftig mit der Größenkonstanz klarzukommen, braucht das Gehirn entsprechende Erfahrungen. Für die Entfernung zum Mond gibt es aber nun mal keine brauchbaren Vergleiche. Trotzdem hält das Hirn an der im Alltag bewährten Methode fest. Steht der Mond tief, befinden sich viele Häuser, Bäume usw. zwischen ihm und uns. Aha, der ist weit weg, also ziemlich groß!, denkt das Gehirn. Hoch am Himmel fehlen solche Vergleichsmöglichkeiten, und wir stufen ihn als dichter an uns dran und somit kleiner ein.

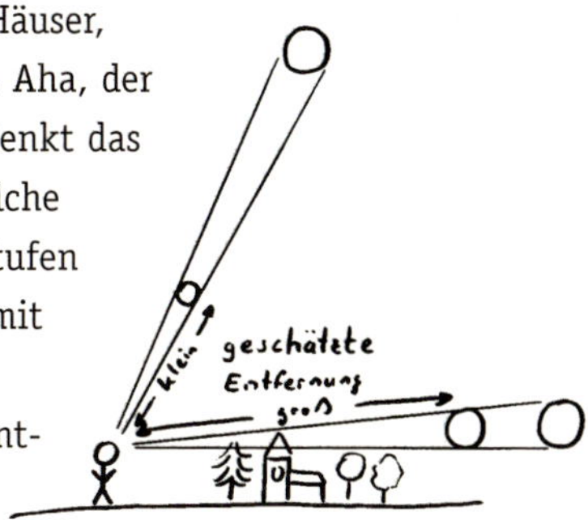

Außerdem können wir in Horizontnähe die Größe des Mondes mit

clever! zu Hause

Am überzeugendsten ist immer noch das folgende Experiment: Nehmen Sie ein Lineal zur Hand und messen Sie den scheinbaren Durchmesser des Mondes knapp über dem Horizont und hoch am Himmel. In beiden Fällen liegt er bei etwa drei bis vier Millimetern.

den Ausmaßen andere Objekte vergleichen. Wir sehen, dass er zum Beispiel viel größer als ein Kirchturm ist.

Eine komplizierte Sache, so eine Mondmessung. Und wenn man die Damen und Herren Wissenschaftler mal hinter vorgehaltener Hand fragt, geben sie zu, dass ihnen die Mondtäuschung selbst nicht so ganz geheuer ist.

Nachgehakt

Der Mond wird der Erde langsam, aber stetig untreu. Jedes Jahr entfernt er sich um vier Zentimeter. Im Laufe eines Menschenlebens ist das nichts, doch die Dinosaurier sahen ihn tatsächlich dichter und größer am Himmel als wir.

Der zwergenhafte Riesen-Wigald

Kennen Sie den Unterschied zwischen Ihrem Fernseher und dem wirklichen Leben? Auf der Mattscheibe ist alles flach, und Herr Boning hat meistens keine Beine. In der echten Welt kann er dagegen nicht nur nach links, rechts, oben und unten hüpfen,

sondern auch nach hinten und vorne. Und weil Ihr Gehirn und Sie das sehr wohl wissen, interpretieren Sie diese Tiefeninformationen gleich in das Fernsehprogramm hinein. Darum können Sie clever! mit dem wahren Herrn Boning von der Sendung mit der Maus unterscheiden. Es gibt aber auch Situationen, in denen das Gehirn einen Tick zu viel mitdenkt. So zum Beispiel bei dieser optischen Täuschung, in der die gespaltene Persönlichkeit des clever!-Chefforschers gleich dreifach vor das Publikum tritt:

Welcher Wigald ist der kleinste?

a) Der linke (Nur der helle Hintergrund lässt ihn größer wirken.)
b) Der mittlere (Weil er hinten steht, sieht er größer aus.)
c) Der rechte (Die Position ganz vorne täuscht das Auge.)

Antwort: **Lösung b ist richtig!**

Auf die Optik ist diesmal kein Verlass – es hilft nur nachmessen.

Warum ist das so?

Groß oder klein? Diese Frage ist nicht immer leicht zu beantworten. Dabei macht es durchaus Sinn zu wissen, ob dort eine harmlose Zauneidechse auf Sie zutrabt oder doch ein entlaufener Tyrannosaurus Rex. Entsprechend ausgeklügelt arbeiten Auge und Gehirn beim Messen zusammen.

Das Auge bestimmt zunächst, welchen Winkel ein Objekt auf der Netzhaut einnimmt. Mit diesem Sehwinkel alleine ist es jedoch nicht getan, denn ein winziges Küken direkt vor der Nase wird genau denselben Winkel produzieren wie die wütende Geiermama im Hintergrund.

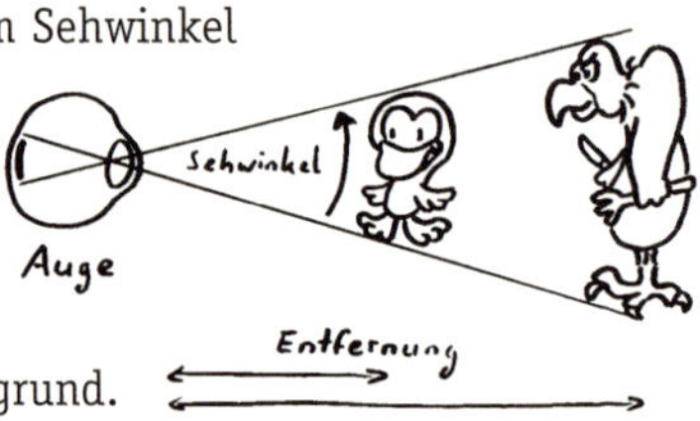

Wir müssen folglich noch eine Vorstellung davon haben, wie weit ein Objekt entfernt ist. Und genau damit fangen unsere Probleme an. Denn im Gegensatz zur High-Tech-Maschine aus dem Baumarkt sind unsere Augen nicht mit einem Laserstrahl zur Abstandsmessung ausgestattet. Uns bleibt also nichts anderes übrig, als zu schätzen. Dabei nutzen wir die Erfahrung aus früheren Erlebnissen. Verlaufen etwa zwei Linien, von denen wir wissen, dass sie parallel zueinander angeordnet sind, optisch aufeinander zu, schließen wir auf eine dreidimensionale Situation – selbst wenn es sich um ein Foto oder eine Zeichnung handelt.

Auf einem Bild von einer geraden Bahnstrecke muss folglich jedes Objekt im unteren Teil nah bei uns sein und in der oberen Hälfte weit weg. Liegen scheinbar zwei gleich lange Balken in diesen Bereichen, wird der «entferntere» (obere) deshalb größer sein. Wäre er genau so groß wie der untere Balken, müsste er uns

clever! entdeckt

Mario Ponzo (1882–1960) ist als Psychologe nicht sonderlich in Erscheinung getreten. Nur die nach ihm benannte Sinnestäuschung, die er 1913 entdeckte, hat seinen Namen in der Fachwelt berühmt gemacht.

wegen des Abstandes ja kleiner erscheinen. Denkt unser Gehirn – und schwups! sind wir reingefallen. Diese Sinnestäuschung nennt der Fachmann Ponzo-Täuschung.

Auch beim Bild des dreifachen Herrn Boning orientieren wir uns an der perspektivischen Darstellung des Raumes und interpretieren «weit weg» als «größer». Allerdings kennen die meisten Menschen mittlerweile den Effekt und versuchen, ihn durch bewusst kritische Betrachtung zu vermeiden. Das verursacht ein ziemliches Durcheinander in den Hirnwindungen, und einzig der Griff zum Lineal bringt noch eine brauchbare Entscheidung.

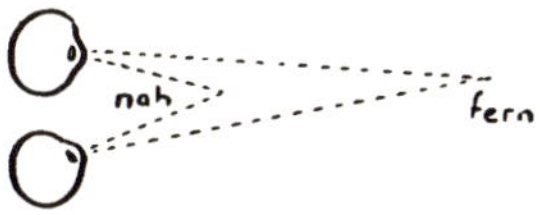

In der plastischen Realität haben wir neben der Orientierung an Vergleichsobjekten noch zwei weitere Mechanismen, um Distanzen abzuschätzen. Beim Sehen mit zwei Augen drehen wir diese weiter nach innen, um einen nahen Gegenstand zu fokussieren, als wir es bei entfernten Dingen tun. Weil die beiden Bilder leicht unterschiedliche Ansichten liefern, kann das Gehirn daraus ein dreidimensionales Modell erstellen, wir erleben die so genannte binokulare Tiefenwirkung.

Für das Sehen mit einem einzelnen Auge hat sich die Natur ein anderes Prinzip ausgedacht. Diesmal verfolgt das Gehirn die Spannung in denjenigen Muskeln, die die Form der Augenlinse bestimmen. Um ein nahe gelegenes Objekt scharf zu stellen, müssen die Lichtstrahlen stark gebrochen werden, weil sie beim Auftreffen auf das Auge in verschiedene Richtungen auseinander laufen.

Dazu bringen die Muskeln die Linse in eine relativ runde Form, und das Hirn weiß: Aha, dicht dran! Bei Blicken in die Ferne reicht eine schwächere Ablenkung der Lichtstrahlen, denn sie sind schon ziemlich parallel zueinander, und die Muskeln organisieren eine weniger geschwungene Linsenkrümmung – zugleich die Meldung: Weit weg! Insgesamt also eine Technik wie beim Autofokus in einem Fotoapparat.

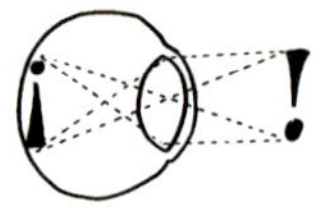

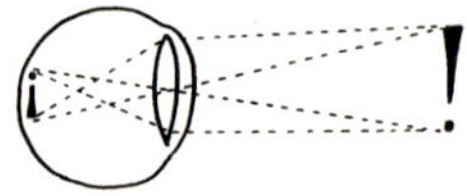

Deshalb dürfen auch einäugige Piraten mit Augenklappe Kapitän werden. Und in der allergrößten Not sitzt da ja immer noch der Papagei auf der Schulter. Der hat mit seinen seitlich angebrachten Augen zwar kaum räumliches Sehvermögen, kann aber schnell mal rüberflattern und den Abstand auskundschaften.

clever! zu Hause

Astronomen benutzen zur Abstandmessung gerne die so genannte Parallaxenverschiebung. Ein naher Stern steht nämlich im Sommer scheinbar an einer leicht anderen Position als im Winter. Sie können den Effekt im kleinen Maßstab beim Blick aus dem Fenster ausprobieren: Peilen Sie mit einem Auge ein entferntes Objekt über den Daumen an. Nun schließen Sie dieses Auge und öffnen das andere. Plötzlich verdeckt der Daumen etwas ganz anderes. Mit ein bisschen Rechnerei kann man aus diesen Sprüngen die Entfernungen bestimmen.

Kein Fall für Clementine

Es soll ja Menschen geben, die machen sich selbst dann schmutzig, wenn sie nur vor der Waschmaschine stehen und dem Weißen Riesen beim Rotieren zusehen. Nicht so Herr Boning! Unser cleverer Chefforscher trinkt nämlich zum Durstlöschen nur reines

Wasser. Sauereien wie Kirschsaft oder Kakao kommen ihm gar nicht erst unter. Umso erstaunter reagiert er, als Frau Eligmann ihn nach der Show auf einen dunklen Fleck aufmerksam macht, der sich an seinem Hemdkragen präsentiert. Nichts als doppelt destilliertes H_2O, lautet das Ergebnis der hektisch durchgeführten Analyse. Aber wieso gibt das Flecken? Eine groß angelegte Versuchsreihe unter kräftigem Einsatz zweier Wasserpistolen Marke Pumpgun-Spezial bringt Herrn Boning schließlich auf die richtige Spur. Doch vor das Aha! hat der Weise das Fragezeichen gesetzt:

Warum wirkt feuchte Kleidung dunkler als trockene?

a) Das Licht wird abgelenkt (In einem Gewirr von Brechung und Reflexion findet es nicht mehr aus dem Stoff heraus.)

b) Eine chemische Reaktion verändert den Stoff (Das Wasser modifiziert den Aufbau der Fasern. Die Luft macht diesen Prozess beim Trocknen langsam rückgängig.)

c) Die Fasern quellen auf (Die veränderte Oberflächenstruktur schluckt das einfallende Licht.)

Antwort: **Lösung a ist richtig!**

An der Grenzfläche zwischen Luft und Wasser wird das Licht zusätzlich abgelenkt und fällt daher weniger stark in Richtung des Betrachters.

Warum ist das so?

Für eine chemische Reaktion (Vorschlag b) sind zum Glück sowohl das Wasser als auch der Stoff zu träge. Wenn die Fasern sich beim Kontakt mit Wasser voll saugen, quellen sie zwar tatsächlich etwas auf (Vorschlag c), doch auf das Licht wirkt sich dieser Prozess nur wenig aus. Es liegt also an der Ablenkung der Lichtstrahlen (Vorschlag a). Doch bevor wir uns diesen Vorgang genauer anschauen, machen wir uns ein paar Gedanken darüber, warum ein blaues Hemd eigentlich blau ist und nicht rot oder grün.

Nichts ist bunter als weißes Licht! Genau genommen gibt es nämlich kein weißes Licht. Der Eindruck entsteht, wenn Strahlen aus dem gesamten sichtbaren Spektrum auf unser Auge fallen. Die Kombination der Regenbogenfarben von Violett, Blau, Grün, Gelb, Orange, Rot und Purpur ergeben zusammen also Weiß. Fällt so ein Lichtbündel auf einen Gegenstand, schlucken dessen Moleküle einen Teil der Farben, einen anderen werfen sie zurück. Gras und Blätter nehmen zum Beispiel die blauen und roten Anteile auf, weil sie mit der Lichtenergie ihre Photosynthese antreiben. Mit Grün können sie hingegen wenig anfangen, es wird einfach

Für Nochbesserwisser

Das menschliche Auge hat nur für die Farben Blau, Grün und Rot Sinneszellen, so genannte Zapfen. Mit diesen drei Grundfarben sind jedoch alle anderen Farben darstellbar. Den Beweis liefert das Fernsehen: Dessen Bilder setzen sich ebenfalls nur aus roten, grünen und blauen Punkten zusammen.

Für Nochbesserwisser

Seit Albert Einsteins Spezieller Relativitätstheorie wissen wir, dass die Lichtgeschwindigkeit konstant ist – im Vakuum! In anderen Medien ist sie allerdings langsamer. Bei manchen exotischen Substanzen sinkt sie sogar auf Fußgängertempo herab. Die dafür notwendigen Bose-Einstein-Kondensate lassen sich aber nur mit riesigem Aufwand in speziellen Labors herstellen.

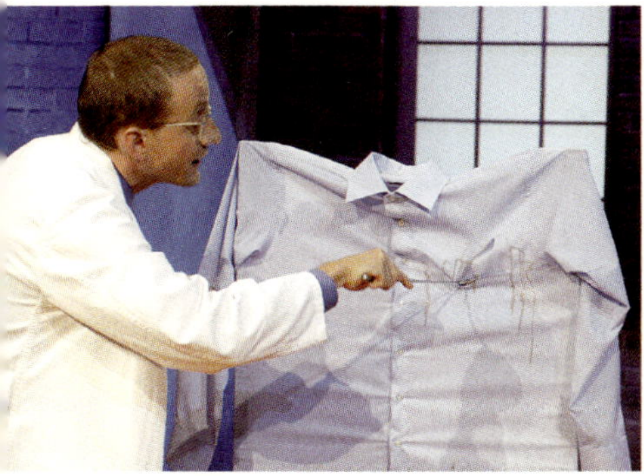

reflektiert. Bei unserem Auge kommen deshalb nur die grünen Strahlen an, und wir wissen: Ist grün und quakt nicht – wird wohl ein Busch sein.

Genauso läuft es mit Blusen, Hemden, Hosen und Strümpfen. Die blauen Farbmoleküle im Jeansstoff behalten das rote und grüne Licht für sich – der Fachmann sagt: sie absorbieren die Strahlung – und lassen nur das Blau abprallen. Die rote Bluse fängt dagegen Blau und Grün ein, und nur Rot wird reflektiert. Insgesamt ein ähnliches Prinzip wie an einer Disco mit Türsteher – wer ihm passt, darf bleiben, alle anderen müssen umkehren.

Die Situation wird komplizierter, wenn der Stoff feucht ist. Das Licht wird nun nicht nur von den Fasern selektiert, sondern es muss auch durch den dünnen Wasserfilm. An der Grenzschicht zwischen Luft und Wasser treten dann aber weitere Effekte auf. Zum einen wird ein Teil des Lichtes bereits hier reflektiert – wir kennen das von den spiegelnden Oberflächen stiller Seen. Je flacher der Winkel ist, in dem die Strahlen auf die Grenzschicht treffen, umso geringer ist ihre Chance, überhaupt bis zum Stoff

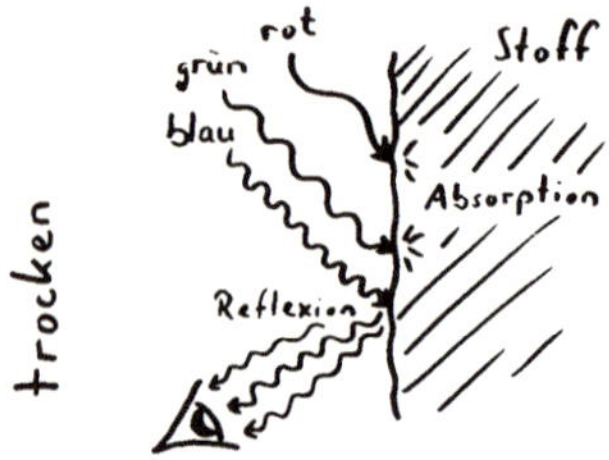

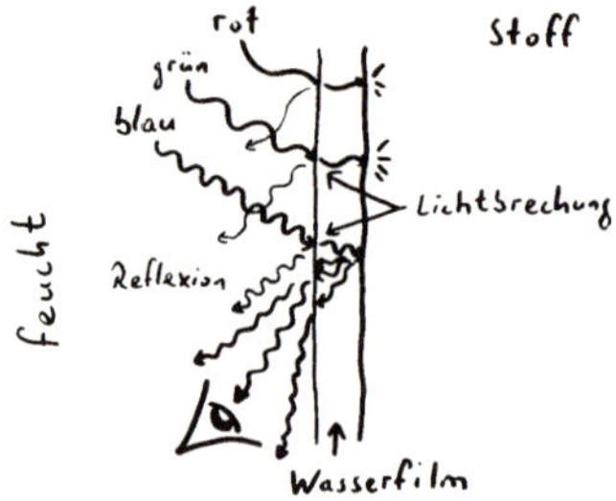

durchzudringen. Licht, das den Übergang schafft, wird obendrein in eine neue Richtung abgelenkt. Diese Lichtbrechung kommt daher, dass sich Lichtstrahlen in Wasser ein wenig langsamer fortbewegen als in Luft. Zusätzliche Reflexion und Lichtbrechung vermindern gemeinsam den Anteil des Lichts, der aus dem Stoff zurückfindet und unser Auge erreicht. Weniger Licht bedeutet jedoch: dunkel. Und damit ruft selbst farbloses Wasser dunkle Flecken hervor.

Die Wasserflecken bemerkt man übrigens nicht, wenn man den Stoff von hinten beleuchtet. Das zusätzliche Licht überstrahlt den Verlust einfach. Ähnlich ist es bei weißer Kleidung. Sie reflektiert so viel Licht, dass die Abdunkelung kaum auffällt. Stattdessen werden die Konturen und Kontraste des darunter befindlichen Körpers sichtbar.

Und wenn Sie sich auf den Kopf stellen!

Punkt, Punkt, Komma, Strich – fertig ist das Mondgesicht. Im Zeitalter des Chats und der SMS ist dieser schöne Kinderspruch wohl längst veraltet. *Semikolon, Minus, Klammer zu – das Emoticon lacht, und was machst du?*, müsste es korrekterweise heißen. Welches Kind weiß schon noch, wo bei einem Bleistift die Tinte rauskommt? Aus psychologischer Sicht ist der alte Reim aber weiterhin hochinteressant. Zeigt er uns doch, wie wenig nötig ist, um ein Gesicht als solches zu erkennen. Selbst starke Charakterzüge erfassen wir auf einen Blick, auch wenn sie auf dem Kopf stehen. So wie auf diesen drei Fotos:

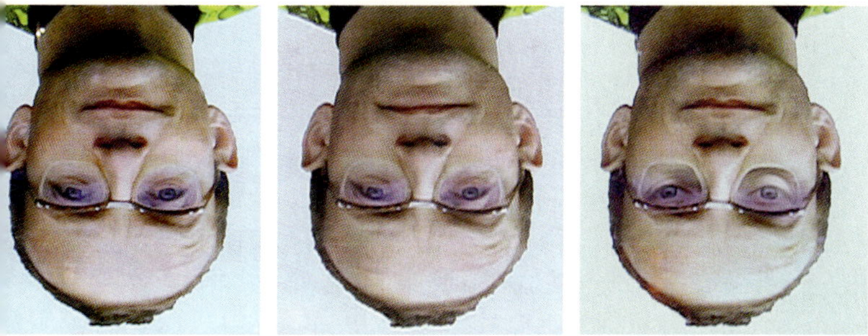

Welches Foto zeigt den echten Wigald?

a) Das linke (Ein bezauberndes Lächeln sagt alles.)

b) Das mittlere (Schlicht, seriös, souverän – ganz der Showmaster.)

c) Das rechte (Könnten diese Augen lügen?)

Antwort: Lösung b ist richtig!
Stellen Sie das Buch auf den Kopf, und Sie sehen sofort die Unterschiede.

Warum ist das so?

Wir sind von Natur aus kleine Schluderer. Sehen wir ein Gesicht, kramt unser Gedächtnis sofort in den Schubladen und holt stolz eine grob passende Schablone hervor. Auf Einzelheiten achten wir kaum. Darum sprechen auch so viele Menschen Herrn Boning auf der Straße mit «Guten Tag, Herr Gottschalk!», an.

Steht das Gesicht aber verkehrt herum, funktioniert diese Vorgehensweise nicht mehr. Es sei denn, wir sind der fraglichen Person immer nur im Kopfstand begegnet. Ansonsten klammern wir uns beim Versuch, das Gesicht zu erkennen, an Einzelteile. Vor allem auf die Augen und den Mund konzentrieren wir uns. Erscheinen uns diese in Ordnung, haken wir die Sache ab. Kaum jemandem fällt es auf, wenn diese Bereiche am Computer ausgeschnitten und verkehrt herum in das Bild eingefügt werden – aus unserer Perspektive sind sie ja richtig herum. Erst eine 180°-Drehung bringt die Erleuchtung und oft genug einen kleinen Schrecken.

Unser Rechner ermöglicht uns noch weitere Spielereien. Wenn wir beispielweise ein Foto von uns an der Längsachse spiegeln, kommt uns das abgebildete Gesicht plötzlich viel vertrauter vor. Kein Wunder, schließlich haben wir es ja jeden Morgen beim Waschen mit unserer Spiegelansicht zu tun.

Für Nochbesserwisser

Das Erkennen von Gesichtern läuft in einer Hirnregion mit Namen Gyrus fusiformis ab. Ist dieser Bereich gestört, etwa durch einen Erbfehler oder einen Unfall, kann die betreffende Person keine Gesichter mehr erkennen. Als Prosopagnosie bezeichnen Mediziner diese seltene Störung.

Interessant ist auch ein Versuch zur Symmetrie von Gesichtern. Dafür benötigen wir ein Porträt, das möglichst frontal aufgenommen wurde. Wir teilen das Bild in der Mitte, kopieren die linke Hälfte, spiegeln sie und legen sie über die rechte Seite des Bildes. Heraus kommt ein Gesicht, das uns nun wirklich kaum noch ähnlich sieht. Wieder ganz anders wirkt es, wenn wir den Vorgang mit der gedoppelten rechten Hälfte wiederholen.

Bei Menschen sehen die beiden Gesichtshälften keineswegs gleich aus. Einigen Wissenschaftlern zufolge kommt der Symmetrie jedoch eine bedeutende Rolle zu, wenn es um die Frage geht, wer eigentlich schön ist. Tests haben gezeigt, dass Menschen ein Gesicht umso attraktiver finden, je ähnlicher sich die zwei Gesichthälften sind.

Na ja, solange Frau Eligmann nicht auf die Idee kommt, ein drittes Auge auf der Stirn besonders hübsch zu finden, soll Herrn Boning alles recht sein. Er setzt weiterhin auf seinen sprühenden Charme, seinen überlegenen Intellekt und seine topmodische Brille.

Nachgehakt

Schönheitsforschung ist eine schwierige Sache. Studien zufolge ist ein Gesicht dann am hübschesten, wenn es möglichst durchschnittlich aussieht. Zumindest werten Männer so. Bei Frauen wechselt der Geschmack mit ihrer jeweiligen Menstruationsphase. Während der fruchtbaren Tage gefallen ihnen anscheinend kantige Gesichter besser.

Nachgehakt

Bereits wenige Stunden nach der Geburt sind wir Experten in Sachen Gesichter. In Experimenten reagieren einige Tage alte Babys besonders interessiert, wenn man ihnen Fotos von Gesichtern zeigt. Zeichnungen oder kontrastreiche Klecksereien finden sie weit weniger spannend. Dass Oma ein klein bisschen anders aussieht als Papa, prägt sich darum relativ leicht ein. Sogar affige Gesichter lernen Kinder in den ersten Monaten zu unterscheiden. In Tests mit Fotos von Berberaffen identifizierten die Babys spielend jene Gesichter, auf die sie trainiert worden waren. Bei neuen Antlitzen reagierten sie ablehnender.

So undurchdringlich wie eine Mauer

Wenn zukünftige Köpfe einst die großen Epochen der Menschheit neu ordnen, dann werden sie unser gegenwärtiges Zeitalter wohl in Anlehnung an die Stein-, Bronze- und Eisenzeit als Betonzeit verbuchen. Weltweit wird kein Baustoff in größeren Mengen zu

Häusern, Brücken und Straßen verarbeitet. Beton ist billig, kann in jede Form gegossen werden, hält eine Menge aus – und die Architekten müssen nicht selbst in den grauen Mietsklötzen der Ballungsräume wohnen. Aber wir wollen nicht ungerecht sein. In den letzten Jahren hat sich dieses graue Einerlei geradezu zum High-Tech-Material gemausert. Sogar Schiffe aus Spezialbeton gibt es schon. Und der Ungar Áron Losonczi hat eine Variante entwickelt, die künftig auch einige Betonbauten bedeutend fröhlicher gestalten könnte.

Was ist das Besondere an diesem Betonziegel?

a) Er ist extrem leicht (Zwei Mann können locker eine komplette Wand tragen.)

b) Er ist lichtdurchlässig (Schon der Schein einer gewöhnlichen Glühlampe strahlt durch eine Wand aus diesem Material.)

c) Er ist atmungsaktiv (Dadurch regulieren die Wände das Klima, und Schimmelpilze haben keine Chance mehr.)

Antwort: **Lösung b ist richtig!**

In den Beton sind hauchfeine Glas- oder Kunststofffasern eingebettet, die das Licht leiten.

Warum ist das so?

Als der ungarische Architekt Áron Losonczi an der Stockholmer Universität probeweise Lichtleiterfasern in Beton goss, ergab das

einen ganz gewöhnlich aussehenden grauen Ziegelstein. Im rechten Licht betrachtet – nämlich von hinten beleuchtet – offenbarte der Stein jedoch seine wahren inneren Werte: Er warf tatsächlich Licht und Schatten an die Wand. Sonst hatte er alle Qualitäten von Beton, die den Werkstoff so beliebt im Bauwesen machen. Nur war er eben transparent.

Losonczi gründete kurze Zeit später zusammen mit dem deutschen Architekten Andreas Bittis die LiTraCon GmbH, die den *Li*ght *Tra*nsmitting *Con*crete – den «lichtdurchlässigen Beton» – vermarktet. Die Zielgruppe allerdings sind Personen mit etwas

clever! entdeckt

Bereits vor 14000 Jahren, als in Europa noch die Eiszeit herrschte, nutzten Handwerker im Osten der heutigen Türkei einen Vorläufer des Betons. Seinen Höhepunkt hatte der Baustoff dann in der römischen Antike. Die Qualität des damaligen Betons aus Steinen, Sand und Vulkanasche ist selbst aus moderner Sicht noch einzigartig – immerhin stehen die Bauten der Kaiserzeit seit 2000 Jahren.

größerem Geldbeutel. LiTraCon kostet nämlich schlappe 50 000 Euro pro Kubikmeter – rund tausendmal so viel wie herkömmlicher Beton.

Der Grund hierfür liegt in der schwierigen Herstellung des Materials. Ähnlich wie bei einer Lasagne wechseln sich Schichten aus Beton und lichtleitenden Fasern ab. Diese Fasern sind gerade mal zwei Millimeter bis hin zu hauchfeinen zwei tausendstel Millimeter dünn. Dadurch brechen sie schnell und verlangen darum besondere Vorsicht bei der Produktion.

Der Baumarkt nebenan wird den transparenten Beton wohl nicht so schnell in sein Sortiment aufnehmen. Aber große Architektur darf bei großen Namen durchaus auch mal große Kosten verursachen. Und so spekulieren Losonczi und Bittis auf Prestigebauten, in denen ihr Beton für gut belichtete Räume sorgen soll, effektvolle Akzente setzt oder dem Bauherrn einfach

Für Nochbesserwisser

Beton ist eine Mischung aus Zement, Wasser, Zuschlägen wie beispielsweise Kies und weiteren Zusatzstoffen. Der Zement selbst ist ein Gemisch aus tonhaltigen Mineralien (Klinker) und Kalziumsulfat-Verbindungen wie Gips. Beim Kontakt mit Wasser verbindet sich der Zement zu einer harten Masse und hält so die Zuschlagstoffe fest beieinander. Das Aushärten geschieht zunächst schnell und wird dann immer langsamer. Die endgültige Festigkeit erreicht Beton darum erst nach Monaten oder Jahren.

beim Angeben hilft. Sollte eines Tages doch die Großproduktion anlaufen, könnten unsere Städte ein viel freundlicheres Antlitz bekommen. Mit hellen Wohnungen und Parkhäusern ohne flackernde Neonröhren. Nur die Probleme mit den Nachbarn könnten zunehmen – denn dann müssten Sie jeden Abend warten, bis die ihr Licht ausgemacht haben, bevor Sie einschlafen können.

Nachgehakt

Beton ist zwar sehr druckstabil – er hält das Gewicht eines Kleinwagens auf der Fläche eines Daumennagels aus –, kommt aber nicht so gut mit Zugkräften klar. Darum verstärkt man ihn im Bau meistens mit Stahl, der sehr zugbeständig ist.

Strahlende Schatten und dunkles Licht

Nur allzu gerne sonnt sich Herr Boning in Frau Eligmanns Nähe. Doch wo Licht ist, gibt es auch Schatten – und so muss er nach den gelegentlichen gemeinsamen Abendessen das Geschirr spülen. Wer nun glaubt, das Planschen in Bratensudresten und abgestandenen Rotweinpfützen füge seiner Verzückung Schaden zu, der unterschätzt die Gelassenheit des forschenden Genießers. Für Herrn Boning bietet die Welt nicht nur Schwarz und Weiß, sondern eine Vielzahl schillernder Grautöne. Und wie hell das Schicksal einem strahlt, hängt doch stets von der Gesellschaft ab. Das zeigt auch die folgende Frage.

Welches Feld ist heller?

a) Keines, beide sind gleich hell (Ein schlechter Platz an der Sonne ist nicht übler als ein guter Platz im Schatten.)

b) Feld A ist heller (Der Schatten auf B ist dunkler, als es den Eindruck hat.)

c) Feld B ist heller (Ein weißes Feld strahlt auch im Schatten mehr Licht zurück als ein schwarzes.)

Antwort: **Lösung a ist richtig!**

Schneidet man die beiden Felder aus und legt sie nebeneinander, erkennt man, dass beide gleich hell sind (und man muss sich ein neues Buch kaufen).

Warum ist das so?

Bei dieser Täuschung ist sich das Auge so sicher, dass Feld B heller ist, dass wir selbst noch reinfallen, wenn wir die Lösung wissen. Unser Auge ist eben nicht dafür gemacht, absolute Helligkeitswerte zu messen. Wozu auch? Das machen unsere Fotoapparate und Videokameras mit entsprechenden Sensoren ganz automatisch. Für das Überleben im Laufe der Evolution – also damals in der gefährlichen Wildnis und heute im Straßenverkehr – ist es viel wichtiger, versteckte Leoparden und Politessen sowie heransausende Tiger und Golf GTIs rechtzeitig zu erkennen. Darauf haben sich unsere Nervenzellen auf verschiedenen Ebenen in so raffinierten Schaltungen und Verknüpfungen spezialisiert, dass wir bis heute nicht alle trickreichen Mechanismen erschöpfend untersucht haben. Die Erklärung für die optische Täuschung aus diesem Versuch setzt sich folglich aus einer Reihe einfacher und komplizierter Begründungen zusammen.

Machen wir uns mit den leichter verständlichen Ursachen vertraut. Der Sinnesphysiologe Edward Adelson, von dem die Abbildung stammt, hebt die Bedeutung eines scharfen Übergangs zwischen hellen und dunklen Bereichen hervor. Während die Grenzen zwischen den Quadraten ganz exakt gezogen und damit sehr kontrastreich sind, ist der Schatten des Zylinders an seinen Rändern eher verschwommen. Solche weichen Übergänge ignoriert unser visuelles System leicht. Beim Abschätzen der Helligkeiten beachtet es deshalb den Schatten kaum. Da B ein weißes Feld ist und A ein schwarzes, folgern unsere Sinne, dass B zwangsläufig

clever! entdeckt

Edward Adelson ist Professor am Massachusetts Institute of Technology (MIT) und erforscht neben dem menschlichen Sehen auch die visuellen Fähigkeiten von Maschinen.

heller ist. Die Nachbarschaft von hellen Feldern um A herum und dunklen Feldern um B verstärkt den Eindruck noch.

Womit wir bei der Reizverarbeitung in der Netzhaut angelangt wären. Die Nervenzellen der Netzhaut werten die Informationen aus und schicken nur ihre Schlussfolgerungen an das Gehirn weiter. So können Kontraste viel schneller erkannt werden – was durchaus ein Vorteil sein kann, wenn im hohen Gras ein Säbelzahntiger lauert.

Betrachtet man die Verbindungen der Sehzellen in der Netzhaut, stellt man fest, dass sie zu kleinen Gruppen zusammengeschaltet sind, so genannten rezeptiven Feldern. Häufig sind sie wie ein Ring um ein Zentrum angeordnet. Ihre Aufgabe ist es, übertrieben stark auf Hell / Dunkel-Kontraste zu reagieren. Wird bei einer bestimmten Feldsorte das Zentrum etwas heller belichtet als der Ringbereich, lösen die Nervenzellen sofort ein Signal aus, als hätte es einen Laserblitz in der Mitte eines Schwarzen Lochs gegeben. Und weil es auch Strukturen mit dunklen Flecken auf hellem Grund gibt, hat das Auge dafür ebenfalls spezialisierte rezeptive Felder.

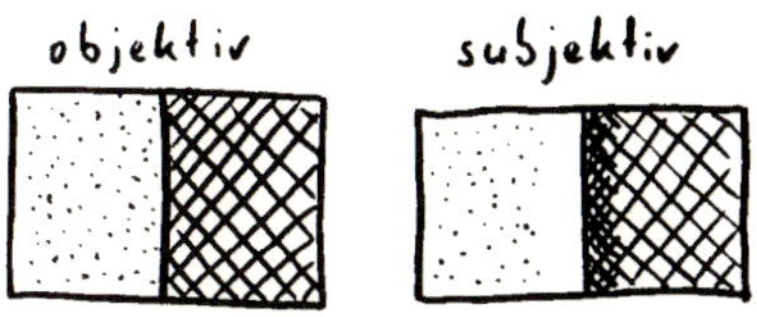

Diese geradezu hysterische Reaktion der Netzhaut auf Kontraste können wir gut an scharfen Grenzen beobachten. Treffen Hell und Dunkel aufeinander, strahlt die helle Seite kurz vor dem Übergang scheinbar besonders stark, und die dunkle Seite zeigt dicht daneben ihre schwärzeste Seele – obwohl objektiv betrachtet beide Flächen gleichmäßig betönt sind.

Unser Auge sorgt beim Spiel mit Licht und Schatten also seit Urzeiten dafür, dass wir nicht als Abendessen enden. Und auch in unserer motorisierten Zivilisation hat die Spezialisierung auf Kontraste weiterhin ihre Berechtigung. Denn ohne übernervöse Nervenzellen würde man den schwarzen Autobahnraser auf dunkelgrauem Asphalt wohl erst bemerken, wenn die Airbags aus ihren Kapseln ploppen.

Vorne ist hinten ist vorne

«Jungchen, alles im Leben hat zwei Seiten», pflegt die Oma weise von sich zu geben, wenn Herr Boning sich über vertrackten topologischen Problemen die verbliebenen Haare rauft. «Eben nicht», antwortet der klügste aller clever!-Köpfe und greift zum Beweis nach Papier, Schere und Klebefilm. In Windeseile schneidet er ein paar Papierstreifen von doppelter Daumenbreite und klebt sie zu Ringen zusammen. «Beim normalen Ring», erklärt er der Oma, «kann ich mit einem Stift auf der Außenseite entlangfahren, und die Innenseite bleibt unschuldig weiß.» Verhaltene Miene. «Drehe ich aber das eine Ende des Papierstreifens beim Zusammenkleben so um 180 Grad, dass die eine Unterseite mit der anderen Oberseite zusammenkommt, ergibt das ein Möbiusband. Und wenn ich nun mit dem Stift darauf entlangfahre, wird der gesamte Ring markiert – es gibt keine zwei Seiten mehr!»

Hätte er nur nichts gesagt, denn nun kocht Oma keinen Kaffee, sondern klebt und bastelt. Bleibt uns genug Zeit für die folgende Frage:

Was entsteht, wenn das Möbiusband in der Mitte der Länge nach zerschnitten wird?

a) Ein langes Band (Anfang und Ende sind ja miteinander verbunden.)

b) Zwei einzelne Bänder (Die Schere hebt alle seltsamen Eigenschaften auf.)

c) Ein Band, das nicht mehr zum Ring geschlossen ist (Der Schnitt trennt die ursprünglichen Anfangs- und Endteile wieder.)

Antwort: Lösung a ist richtig!

Es gibt einen langen Ring, dessen Band aber nun um zwei volle Drehungen verdrillt ist.

Warum ist das so?

Dass es beim Möbiusband keine festgelegte Ober- und Unterseite gibt, können wir noch nachvollziehen – schließlich haben wir

«oben» und «unten» beim Basteln miteinander direkt verbunden. Mathematisch gesehen handelt es sich um eine zweidimensionale Fläche mit nur einer Seite. Dass Band hat aber nicht nur eine Seite, sondern auch nicht mehr als einen Rand! Folgen wir mit den Fingern dem «rechten Rand», laufen wir zwangsläufig auch über den Teil, den wir für die «linke» Begrenzung gehalten haben. Mit der Schere schaffen wir einen zweiten Rand. Zwei Ränder reichen aber gerade für ein «normales» Band mit zwei Seiten aus, und genau das erhalten wir – vorausgesetzt, Sie schneiden in der Mitte entlang. Eine hübsche Variante ist, wenn Sie stattdessen ein Drittel der Breite abschneiden. Sie können dann feststellen, dass Sie zwei Runden um das ganze Band schnippeln und unterwegs Ihrem ersten Schnitt begegnen. Das Ergebnis sind zwei miteinander

Für Nochbesserwisser

Die Topologie ist ein Teilgebiet der Mathematik, das sich mit den Eigenschaften geometrischer Körper beschäftigt.

verschlungene Ringe, von denen der eine doppelt so lang wie der andere ist. Österreich-Fans können vor dem Zerschneiden das linke und rechte Drittel des Möbiusbandes rot färben und das mittlere Drittel weiß lassen. Sie werden staunen, wie sich die Farben nach dem Drittel-Schnitt auf die Ringe verteilen.

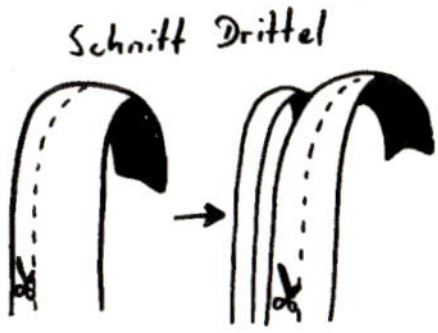

Wenn Sie schon die Schere zur Hand haben, können Sie das halbierte Band gleich noch ein zweites Mal in der Mitte durchschneiden. Was das gibt, wird hier nicht verraten. Wissenschaft soll schließlich spannend bleiben, oder?

clever! entdeckt

Der Mathematiker und Astronom August Ferdinand Möbius (1790–1868) hat zunächst Jura studiert, ist dann aber zur Mathematik gewechselt. Er arbeitete als Professor an der Universität Leipzig sowie an der dortigen Sternwarte. Das Möbiusband entdeckte er 1858, veröffentlichte jedoch erst 1865 eine Beschreibung.

Der Ball ist rund, und die Show dauert 60 Minuten

In einem gesunden Körper wohnt auch ein gesunder Geist, heißt es, und: *Essen hält Leib und Seele zusammen*. In seiner vorbildhaft effizienten Lebensauffassung hat Herr Boning

diese beiden klugen Sprüche kombiniert, und so ist sein Lieblingssport das Eisessen. Zumindest im Sommer, im Winter dürfen es vorzugsweise leckere Maroni sein. Leibesübungen mit vollem Körpereinsatz und knochenbrecherischem Risiko hat er während seiner Tätigkeit für clever! mehr als genug. Welcher hoch bezahlte Profi läuft sonst noch Gefahr, bei Ausübung seiner Disziplin in Kartoffelsuppe zu ertrinken oder vom Dach eines Busses zu fallen? Aber immerhin lernt man in der Show endlich einmal etwas fürs Leben. Mit mathematischer Präzision lösen Frau Eligmann und Herr Boning eines der großen Rätsel unserer Zeit: Ist es bei einem plötzlichen Regenguss klüger, ins nächste Café zu rennen oder gemütlich zu gehen? Und auch die Freunde der knackigen Blutgrätsche im Strafraum werden staunen, wenn ihre altehrwürdigen Fußballweisheiten unter die strenge Lupe der Wissenschaft kommen. Ob sich in einem gesunden Körper allerdings immer ein gesunder Geist aufhält, hat selbst clever! bislang nicht endgültig klären können. Die Forschung geht also weiter ...

Die Angst des Balls vor dem Elfmeter

Schöner Schlenker von Schweinsteiger um den gegnerischen Abwehrspieler. Jetzt müsste der Pass kommen. Und da ist die Flanke. Zu Podolski in den Strafraum. Podolski dreht sich. Steht nun alleine vor dem Torwart. Aber nein! Da semmelt ihm der linke Verteidiger von hinten beide Beine weg. Foul! Elfmeter! Der Schiedsrichter zeigt ohne Zögern auf den Punkt. Strafstoß. Doch was ist das? Podolski legt sich das Leder zurecht, will selbst schießen. Wenn das mal gut geht ... Ein Elfmeter, den der Gefoulte selbst schießt, geht selten rein.

Eine uralte Binsenweisheit aus den Sportstudios dieser Welt. Wer hat da eigentlich mitgezählt? Nun, ganz einfach: das clever!-Team! Oder zumindest statistisch ausgewertet, was andere gezählt haben. Bevor es das Ergebnis gibt, dürfen Sie raten:

Wie sicher ist der gefoulte Schütze im Vergleich zum nicht gefoulten?

a) Schlechter (Und zwar um mindestens fünf Prozent – kein Wunder bei den frischen Wunden.)

b) Besser (Ebenfalls wenigstens fünf Prozent – Rache ist eben ein gutes Motivationsmittel.)

c) Ungefähr gleich gut (Mit leichten Schwankungen. Im Mittel machen aber andere Faktoren den Unterschied.)

Antwort: **Lösung c ist richtig!**
Ob Europameisterschaft oder Bundesliga – im Schnitt ist kein Unterschied festzustellen, ob der gefoulte Spieler den Elfmeter selbst schießt oder jemand anderes.

Warum ist das so?

Die Zahlen sprechen eine eindeutige Sprache. Bei den Endrunden

der Europameisterschaften von 1960 bis 2000 haben die gefoulten Spieler 4 von 6 Elfmetern verwandelt (66,67 Prozent), die nicht gefoulten 23 von 33 (69,7 Prozent). Im Rahmen der statistischen Genauigkeit also ein ungefährer Gleichstand. Aber das waren ja auch nur wenige Strafstöße, die da zugrunde gelegt worden sind. In der Bundesliga in den Spielzeiten von 1994/1995 bis 2003/2004 ist es schon heftiger zur Sache gegangen. 74 von 103 Elfmetern (71,84 Prozent) konnten die Gefoulten verwandeln, ihre Kollegen 531 von 713 (74,47 Prozent). Aha, offenbar ist die Trefferquote sogar höher als beim Europaturnier – einen Unterschied in der Zielsicherheit von Opfer und Mannschaftskamerad gibt es aber auch hier nicht. Die viel zitierte Regel ist also Mumpitz!

Wieso stöhnen Sportjournalisten dann so gerne und prophezeien dem Ball eine Reise ins Publikum statt ins Tor? Weil der Spruch mittlerweile Teil des Rituals geworden ist. Er gehört zum Elfmeter, den der gefoulte Spieler selbst schießt, wie der Schal zum Fan. Ballert der arme Fußballer wirklich daneben, fühlen wir uns in unserer Weisheit bestätigt, trifft er, war es eben Glück und wir vergessen die Sache schnell. Bei nüchterner Betrachtung – und wo gibt es die schon im Fußball? – ist der Satz genauso wertlos wie die Floskeln «Das frühe Tor tut dem Spiel gut» und «Die rote Karte wird die Mannschaft wachrütteln».

Die Trefferchance eines Fußballers beim Elfmeter hängt vor allem von einem ab: der berühmten mentalen Stärke. Anders gesagt: Wer nervös wird, tritt den Ball eher in eine erdnahe Umlaufbahn als ins Tor. Behält der Spieler die Nerven und ist er routiniert im Verwandeln von Chancen (das sollte vor allem auf Stürmer zutreffen), haut er meistens den Ball in den Kasten. Bekommt er hingegen das Flattern und denkt womöglich an die dumme Regel mit dem Gefoulten, wird es vermutlich wirklich nichts mit dem Tor. Die Koordinationsfähigkeit, die beim Training noch vorhanden ist, geht unter Druck leicht verloren. Deshalb geht es übrigens beim Elfmeterschießen nach Verlängerung auch so häufig daneben. Erstens haben die Spieler bei solchen Gelegenheiten zu viel Zeit zum Nachdenken und somit zum Nervöswerden, zweitens steht viel auf dem Spiel, und der Druck ist entsprechend hoch. Und drittens müssen dann auch Schützen ran, die normalerweise in ihrer Karriere kaum einen Torschuss wagen und dementsprechend unsicher sind.

Lassen Sie sich also beim nächsten Kreisligaelfmeterschießen die Pille nicht aus der Hand reißen. Eiskalt und voll konzentriert

Für Nochbesserwisser

Angeblich kann ein Torwart mit scharfen Blicken und schnellen Reflexen erkennen, in welche Ecke der Spieler schießen wird. Englische Forscher behaupten, der Ball gehe ins rechte Eck, wenn die Hüfte des Schützen auf den Torhüter zeigt (bei Rechtsfüßern), andernfalls zielt er auf die linke Ecke. Kanadische Wissenschaftler empfehlen dagegen, auf den Fuß des Standbeins zu achten: Er soll meistens in die Richtung des Schusses weisen.

haben Sie die gleichen Chancen wie jeder andere. Und falls es schief geht, können Sie sich anschließend in der Kabine immer noch mit der Statistik herausreden. Fragt sich nur, ob Ihre Mannschaftskollegen das dann wirklich hören wollen.

Nachgehakt

11 Meter sind nicht gleich 11 Meter. Bei der Partie Mexiko gegen Argentinien 1930 gab es im Stadion von Montevideo keinen Elfmeterpunkt. Der Schiedsrichter maß die Entfernung mit Schritten ab und legte den Ball knapp vor die Strafraumgrenze. Der Schütze ließ sich nicht irritieren und traf.

Todessprung vom 10-m-Brett

Nichts bereitet dem clever!-Team mehr Vergnügen, als moderne Legenden auf ihren Wahrheitsgehalt zu testen. Damit Herr Boning nicht selbst Kopf und Kragen riskieren muss, haben die Bundesländer vor kurzem Studiengebühren eingeführt, sodass Studierende praktisch jeden Job annehmen, um an der Uni noch ein paar Semester vor der Arbeitslosigkeit flüchten zu dürfen. Ansonsten würde wohl niemand im Dienste der Wissenschaft sein Leben riskieren und im Schwimmbad vom 10-m-Brett auf eine unten schwimmende Zeitungsseite springen. Jedes Kind weiß doch, dass die Zeitung die Auftrefffläche vergrößert und die Landung damit einem Aufprall auf Beton gleicht. Andererseits glauben Kinder auch an den Weihnachtsmann und dass Autofahrer am Zebrastreifen tatsächlich anhalten, wenn Fußgänger die Straße überqueren wollen. Die Legende schreit geradezu nach einem mutigen Test.

Was passiert mit dem Springer, wenn er auf die Zeitung trifft?

a) Er springt durch die Zeitung hindurch (Das Papier reißt, wenn er mit voller Wucht ankommt.)

b) Er bricht sich die Knochen (Die Legende stimmt, und das Experiment wird vorausschauend nur mit einer Melone durchgeführt.)

c) Er gleitet an der Zeitung ab (Papier und Springer rutschen aneinander vorbei und bleiben beide heil.)

Antwort: Lösung a ist richtig!

Die Zeitungsseite ist nicht fest genug, um dem fallenden Körper zu widerstehen. Und der Aufprall ist genauso hart oder weich wie bei jedem anderen Sprung vom 10-m-Turm.

Warum ist das so?

Die Wasseroberfläche kann schon ziemlich hart sein. Da, wo wir

eintauchen, tummeln sich nämlich Unmengen von Wassermolekülen, die plötzlich alle Platz machen müssen. Wenn wir uns gemächlich in die Wanne lümmeln, geht das langsam, und wir spüren kaum einen Widerstand. Beim Sprung aus zehn Meter Höhe haben wir hingegen ein Tempo von etwa 35 Kilometern in der Stunde drauf. So schnell kann das Wasser nicht ausweichen, es bremst uns ordentlich ab, und wenn man ungünstig aufkommt, kann das ziemlich schmerzhaft sein. Umso eindrucksvoller sind Stunts wie die des Deutschen Harry Arias Froboess, der 1936 aus 110 Meter Höhe mit 160 Kilometern pro Stunde in den Bodensee sprang.

Für Nochbesserwisser

Die Geschwindigkeit eines fallenden Körpers v berechnet sich aus seiner Fallzeit t und der Gravitationsbeschleunigung g, deren Wert bei 9,81 Metern pro Sekunde im Quadrat liegt:

$v = t \cdot g$

Rechnen wir grob mit $g \approx 10\,m/s^2$, dann dauert der Flug vom Turm eine Sekunde, und wir erreichen ein Tempo von $10\,m/s$. Umgerechnet sind das $600\,m/min$ oder $36\,km/h$.

Eine Leistung, die eindeutig den Stuntmen vom Film vorbehalten bleiben sollte – zu dessen ersten Vertretern Froboess zählte.

Außer Wasser erwartet den Springer aber ja noch die Zeitung. Deren Wirkung kann enorm sein, wie ein kleines Experiment zeigt: Legen Sie ein Lineal so auf einem Tisch, dass seine eine Hälfte über die Tischkante ragt. Oben auf die andere Hälfte kommt eine ausgebreitete Zeitung. Wenn man nun mit Wucht auf

das überstehende Ende des Lineals schlägt – bricht es entzwei! Der Luftdruck, der auf der Zeitung liegt, ist so groß, dass er der Kraft des Schlages kurzfristig standhalten kann. Die vielen Luftmoleküle schaffen es wegen ihrer Trägheit einfach nicht, rechtzeitig für das Papier Platz zu machen, denn dessen Fläche ist viel größer als die des Lineals alleine. Warum vergrößert die Zeitung die Auftrefffläche des Turmspringers also nicht auch so stark, dass er für den Menschen gefährlich wird?

Die Wucht des ankommenden Menschen ist so groß und so konzentriert, dass das Papier sofort zerfetzt wird. Etwas anders würde die Situation bei einem schwimmenden Holzbrett aussehen, aber so dämlich, aus großer Höhe auf ein Brett zu springen, wird wohl

Für Nochbesserwisser

Wissenschaftler nennen die Wucht «Impuls». Sie wird meistens mit dem Kleinbuchstaben p abgekürzt. Der Impuls hängt von der Masse m und der Geschwindigkeit v eines Körpers ab:
$p = m \cdot v$

clever! entdeckt

Dass Körper Wasser verdrängen, hat schon der griechische Mathematiker und Physiker Archimedes gewusst. Er fand sogar heraus, wie viel Wasser es ist: Taucht der Körper ganz ein, so ist das Volumen des verdrängten Wassers so groß wie das Volumen des Körpers. Schwimmt der Körper in einer Schale auf dem Wasser, entsprechen sich die Massen des Körpers und des verdrängten Wassers.

kaum jemand sein. Die Legende von der tödlichen Zeitungsseite ist jedenfalls widerlegt.

Suppenkaspars Weg zur Schule

«Wenn ich übers Wasser laufe, dann sagen meine Kritiker: Nicht mal schwimmen kann der!», beklagte sich einst Berti Vogts in einem Interview. Kein Wunder, ist doch in der Stellenbeschreibung eines Fußballbundestrainers nichts über die Art und Weise gesagt,

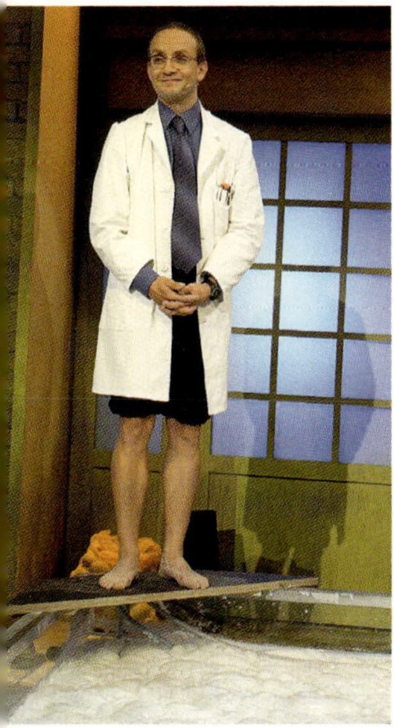

wie Gewässer zu überqueren seien. Herr Boning bezweifelt allerdings, dass der ehemalige Bundesberti wirklich übers Wasser laufen kann. Über diese Fähigkeit verfügen im Allgemeinen nur Religionsstifter und mittelamerikanische Stirnlappenbasilisken. Diese Leguane wetzen bei Gefahr auf zwei Beinen so schnell über den Fluss, dass sie dabei das Untergehen völlig vergessen. Darum haben sie auch den Beinamen «Jesus-Echse» erhalten. Für Menschen reicht der Auftrieb im Wasser leider selbst bei einem beherzten Sprint nicht aus. Ganz anders sieht die Situation bei einem Swimmingpool mit dicker Kartoffelsuppe aus …

Wie überquert man ein Becken voller Kartoffelsuppe, ohne zu versinken?

a) Mit schnellen Trippelschritten (Die Suppe soll gar nicht erst merken, dass wir auf ihr herumtrampeln.)

b) Auf allen vieren (Das gibt eine größere Oberfläche und so mehr Auftrieb.)

c) Im Gleitschritt (Wie beim Schlittschuhlaufen, aber mit möglichst breiten Sohlen.)

Antwort: Lösung a ist richtig!

Bei schnellen, heftigen Tritten verändert die Kartoffelsuppe für eine kurze Zeit ihre Struktur und wird vorübergehend ziemlich fest.

Warum ist das so?

Treten wir auf eine Wasseroberfläche, müssen die Wassermoleküle

darunter erst mal Platz machen, bevor wir einsinken können. Das geht allerdings ziemlich schnell. Der Physiker Deniz Ertas hat ausgerechnet, dass ein Mensch mindestens 20 Meter in der Sekunde zurücklegen müsste, um nicht unterzugehen. Das sind immerhin 72 Kilometer in der Stunde – Jesus muss also ein begnadeter Supersprinter gewesen sein, wenn er diese Methode gewählt haben sollte.

Normale Menschen haben erst dann eine Chance, trocken am anderen Ufer anzukommen, wenn sie zuvor ein wenig am Wasser herummanipulieren. Eine Möglichkeit besteht darin, ordentlich Stärke zuzugeben – beispielsweise in Form klein gestampfter Kartoffeln.

Stärke ist chemisch gesehen ein Makromolekül, das aus lauter Zuckerbausteinen zusammengesetzt ist. Zucker liefert bekanntlich kräftig Energie, und genau die brauchen Kartoffeln, wenn aus einer Knolle eine ganze Pflanze werden soll. Darum speichert der Pommes-Lieferant in guten Zeiten ordentlich Power unter der Erde, die dann im Frühjahr mobilisiert wird. Die Stärke löst sich

Für Nochbesserwisser

Aufnahmen mit Hochgeschwindigkeitskameras haben die Lauftechnik der Stirnlappenbasilisken enträtselt. Die Tiere setzen den Fuß flach auf die Oberfläche und drücken das Wasser nach unten, sodass sich eine luftgefüllte Mulde bildet. Dann kippen sie den Fuß und stoßen sich hinten ab. Bevor das Wasser in die Mulde schwappt, muss der Fuß zurückgezogen sein. Bei einem Körpergewicht von bis zu 200 Gramm reicht damit eine Geschwindigkeit von zehn Kilometern in der Stunde, um nicht unterzugehen.

im Wasser nicht richtig, sondern schwimmt darin in Form winziger Flocken. Und die verändern das Verhalten der Flüssigkeit. Das merkt man schon beim Umrühren: Geht man eine Runde besonders schwungvoll an, leistet die Pampe plötzlich heftigsten Widerstand, um anschließend wieder geschmeidig zu fließen, sobald man den Krafteinsatz vermindert. Experten sprechen von der Dilatanz – der Eigenschaft, bei großen Kräften ordentlich zäh zu werden.

Bei Druck wird das Wasser zwischen den Stärkeflöckchen teilweise herausgepresst, und die kleinen Flocken verhaken sich ineinander. Dadurch gleiten sie schlechter aneinander vorbei, und die Suppe wird zähflüssiger. Allerdings nur, bis das Wasser sich von dem Schrecken erholt hat und zurückgeflossen kommt. Dann wird der Brei wieder schön flüssig.

Um die Dilatanz der Kartoffelsuppe gezielt auszunutzen, tritt man also beherzt auf ihre Oberfläche und trippelt schnellen Schrittes hinüber. Bleibt man stehen, entspannt sich die Flüssigkeit, und man endet unrühmlich als Geschmacksbeilage. Apropos

clever! zu Hause

Die leckerste Art, Dilatanz hervorzurufen, besteht darin, einen Vanillepudding zu kochen. Wenn Sie schnell umrühren, können Sie feststellen, wie dessen Zähigkeit rapide zunimmt.

Nachgehakt

Eine beliebte Flüssigkeit mit untypischem Fließverhalten ist der Ketchup. Bei ihm nimmt die Zähigkeit zeitlich verzögert ab, nachdem eine Kraft gewirkt hat. Im Fachchinesisch heißt das Thixotropie. Deshalb passiert nach dem Schütteln erst mal nichts, und dann landet plötzlich viel zu viel Ketchup auf der Wurst.

Geschmack: Wer keine Kartoffelsuppe mag, kann sich auch im Spurt über Vanillesauce üben. Und falls im Urlaub mal wieder jemand aus Ihrer Reisegruppe im Treibsand verschwindet, können Sie ihm nach der Bergung erklären, warum es so schwierig war, ihn aus dem Sand-Wasser-Gemisch wieder herauszubekommen: Auch der Treibsand arbeitet nach dem Dilatanz-Prinzip.

Schwergewicht in scharfer Kurve

Haben Sie schon einmal davon geträumt, ein Astronaut zu sein und ferne Welten zu besuchen? Schwerelos zu schweben oder auf der Oberfläche eines Planeten die drückende Anziehungskraft zu spüren? Das muss kein Traum bleiben! Herr Boning erfüllt sich seinen Herzenswunsch jedes Jahr auf dem Jahrmarkt – in der Achterbahn. Voll bepackt mit wissenschaftlichen Instrumenten, belegt er einen ganzen Wagen für sich und lässt sich durch die Kurven schleudern. Die Fliehkräfte drücken und zerren an ihm, sodass sein Gewicht locker auf das Vierfache anwächst oder völlig zu verschwinden scheint. Sogar eine Phase, in der Herr Boning weniger als nichts wiegt, ist zu beobachten. Alles nur für wenige Sekundenbruchteile – doch ein echter Forscher freut sich auch über die kleinen Erfolgserlebnisse.

An welcher Stelle wiegt Herr Boning über 300 Kilogramm?

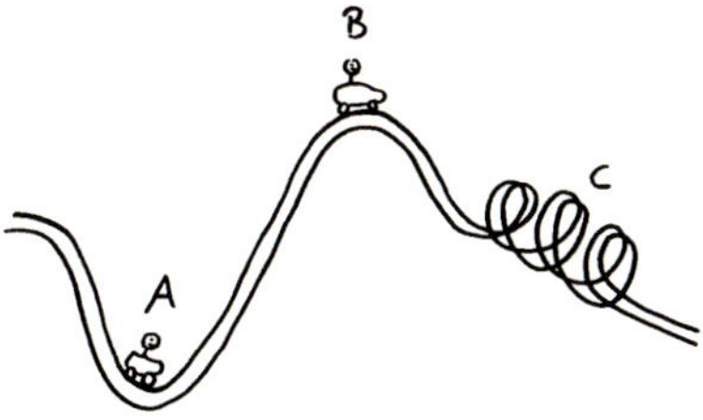

a) Bei Punkt A – in der Senke (Die volle Fliehkraft drückt ihn nach unten.)
b) Bei Punkt B – an der höchsten Stelle (Die Höhe macht ihn scheinbar schwerer.)
c) Bei Punkt C – in der Korkenzieher-Kurve (Die Masse konzentriert sich in der Drehachse.)

Antwort: Lösung a ist richtig!

Mit Schwung geht es in den Streckenabschnitt hinein, und die Trägheit würde Herrn Boning gerne weiter nach unten tragen, aber der Schienenverlauf zwingt den Wagen nach oben.

Warum ist das so?

Wer in letzter Zeit mit der Achterbahn gefahren ist, weiß sicherlich noch ganz genau: In bodennahen Senken (Vorschlag a) rutscht einem das Herz in die Hose, während auf den höchsten Kuppen (Vorschlag b) der Magen nach oben will. In Korkenzieher-Kurven (Vorschlag c) vereinigen sich linke und rechte Gehirnhälfte vorzugsweise zu einem schwindeligen Einheitsbrei. Richtig ist also Antwort a: In der Senke würde eine Waage das Mehrfache des üblichen Körpergewichts anzeigen.

Die heftigen Wechsel verdanken wir im Wesentlichen zwei Kräften: der Gravitationskraft (auch Schwerkraft genannt) und der Zentrifugalkraft (oder Fliehkraft). Die Schwerkraft kennen wir alle – sie sorgt dafür, dass wir auf dem Boden bleiben und nicht wie die Astronauten im All schwerelos herumschweben.

Newton hat erkannt, dass sich alle Körper gegenseitig anziehen. Je größer die Masse der einzelnen Körper ist, umso stärker ist die Anziehung: die Gravitationskraft. Nun bringen wir zwar nicht sonderlich viel auf die Waage, aber die Erde ist mit rund 6 000 000 000 000 000 000 000 000 (das sind 24 Nullen!) Kilogramm ein gehöriger Brocken. Sie saugt uns damit förmlich am Boden fest. Fast schon ein Wunder, dass wir es angesichts dieser Zahlen morgens aus dem Bett schaffen.

Die Zentrifugalkraft entsteht durch die Trägheit von Körpern: Jeder Körper, der in eine bestimmte Richtung saust, würde sich am liebsten in genau dieser Richtung weiterbewegen. Zwingen ihn aber die Umstände – beispielsweise in Form von Achterbahnschienen – in eine andere Richtung, wehrt er sich nach Leibeskräften gegen die Wegänderung. Physiker sprechen bei der Zentrifugalkraft von einer «Scheinkraft», weil sie zwar wie eine echte Kraft wirkt, in Wahrheit aber eben nur Folge der Trägheit ist. Im Alltag begegnet uns der Effekt im Straßenverkehr, wenn wir in engen Kurven das Gefühl haben, nach außen gedrückt zu werden. Und auf dem Kinderspielplatz begeistert er die kreischenden Kleinen bei ihren Experimenten im schnell rotierenden Karussell.

Doch wie wirken Schwerkraft und Zentrifugalkraft nun in der Achterbahn auf uns? Die Schwerkraft wirkt stur nach unten, aber die Richtung der Zentrifugalkraft hängt vom jeweiligen Streckenabschnitt ab. Und beide Kräfte zerren gleichzeitig an unserem Körper – es kommt somit immer darauf an, wer stärker zieht und in welche Richtung. In die Senke sausen wir von oben kommend. Die Trägheit möchte die Fahrt weiter gen Boden fortsetzen,

Für Nochbesserwisser

Die Gravitationskraft F_G ist während der Achterbahnfahrt praktisch gleich. Sie errechnet sich aus Ihrer Masse m und der Erdbeschleunigung g ($g = 9{,}81\,m/s^2$):

$F_G = m \cdot g$

Die Zentrifugalkraft F_Z ist abhängig von Ihrer Masse, der Geschwindigkeit in der Senke v und dem Radius r der Kurve, die Sie unten durchfahren:

$F_Z = (m \cdot v^2) / r$

Je enger die Kurve und je schneller Sie hineinfahren, umso stärker drückt es Sie aus der Kurve hinaus.

während uns die Schienen nach oben umlenken. Die Zentrifugalkraft wirkt in der Kurve folglich nach unten, und zusammen mit der Schwerkraft zieht sie uns auf die Erde zu. Einfaches Gewicht durch die Schwerkraft plus ein vielfaches Scheingewicht durch die Zentrifugalkraft ergeben in der Senke den schwersten Herrn Boning der Show-Geschichte.

Ist die Wende geschafft, geht es nach oben. Die Trägheit hat sich mit dem Richtungswechsel abgefunden und möchte nun auf der Kuppe die Himmelfahrt fortsetzen. Die Zentrifugalkraft zieht uns darum im Scheitelpunkt mit Macht nach oben – stärker als die Schwerkraft nach unten. Würde der Sicherheitsbügel uns nicht zurückhalten, flögen wir im hohen Bogen aus der Achterbahn. Aber zumindest sind wir vorübergehend noch leichter als schwerelos: Eine Waage würde ein negatives Gewicht anzeigen!

In der Achterbahn gibt es also Körpergewicht ganz nach Bedarf. Und so bastelt Herr Boning in seiner kargen Freizeit an einer Achterbahn für die Hosentasche, mit der wir unser Traumgewicht per Drehregler selbst einstellen können. Ohne Zweifel ein Verkaufsschlager – wenn nur die Schienen nicht so undekorativ unten aus den Hosenbeinen herausschauen würden.

clever! zu Hause

Das Kräftemessen zwischen Zentrifugalkraft und Schwerkraft ist ein schönes Spiel für warme Sommertage: Wasser in einen Eimer füllen und am gestreckten Arm wie ein Riesenrad im Turbogang durch die Luft wirbeln. Solange Sie schnell genug schleudern, drückt die Zentrifugalkraft das Nass in den Behälter, und es tropft nichts heraus. Werden Sie zu langsam, gibt es eine kalte Dusche.

Origami für Muskelprotze

Haben Sie auch so einen Typen in Ihrer Bekanntschaft? Bei jedem Besuch verbiegt er zunächst das eiserne Gartentor, quetscht anschließend den Klingelknopf in den Beton und zermalmt einem dann mit kernigem Händedruck alle Knochen in den Fingern.

Mancher weiß eben nicht, wohin mit der ganzen Kraft. Soll er doch Eisenbahnwaggons auf die Zugspitze schieben oder nach dem Oktoberfest die Münchner Wiesn vom Dreck befreien ... oder Papier falten! Mit dieser Disziplin therapiert Frau Eligmann ihre martialischen Freunde. Sie lässt sie einfach einen großen Bogen in der Mitte knicken und zusammenlegen und dann nochmal und nochmal und nochmal ... bis es nicht mehr geht. Und diesen Punkt erreichen selbst kleine Arnolds früher als gedacht. Egal, wie groß das Blatt zu Anfang ist.

Wie oft kann man ein Blatt Papier beliebiger Größe höchstens in der Mitte falten?

a) 7- bis 8-mal (Ist eben nicht viel los mit menschlichen Muckis.)

b) 9- bis 10-mal (Dann wird der Stapel einfach zu dick.)

c) 11- bis 12-mal (Nur echte Helden machen das Dutzend voll.)

Antwort: Lösung a ist richtig!

Der Umfang des Stapels wächst sehr schnell an. Den entstehenden Knick kann man nicht mehr überwinden.

Warum ist das so?

Ein Blatt zu falten ist sehr einfach. Auch zwei und vier Blätter stellen kein Problem dar. Die scheinbare Leichtigkeit der Aufgabe lässt uns übersehen, wie schnell die Anzahl der Blätter zunimmt:

1. Faltung: 1 Blatt
2. Faltung: 2 Blätter
3. Faltung: 4 Blätter
4. Faltung: 8 Blätter
5. Faltung: 16 Blätter
6. Faltung: 32 Blätter
7. Faltung: 64 Blätter
8. Faltung: 128 Blätter

An dieser Stelle müssen selbst durchtrainierte Athleten aufgeben, und sogar Herr Boning scheitert an dem Knick, der sich im Papier aufgebaut hat.

Obwohl es sich experimentell nicht durchführen lässt, ist interessant zu berechnen, wie sich der Stapel weiterentwickeln würde. Nach 50 Faltungen wäre er über eine Billiarde (die hat 15 Nullen) Blätter dick. Bei dünnem Papier mit nur einem zehntel Millimeter Dicke hätten wir es mit einem Stoß von 112,6 Millionen Kilometern zu tun – er würde fast bis zur Sonne reichen, die rund 150 Millionen Kilometer von uns entfernt ist.

Für Nochbesserwisser

Wissenschaftlich gesehen steigt die Blätteranzahl x (nach einer Faltung) exponentiell mit den Faltungen n an. In einer Formel ausgedrückt:

$x = 2^n$

Vom Winde verweht

Ernsthafte Wissenschaft ist alles andere als eine windige Angelegenheit. Trotzdem geht es in den clever!-Labors mitunter reichlich stürmisch zu – und zwar nicht nur, wenn Herr Boning wieder einen Niesanfall hat. Da kann es weniger orkanerprobten Naturen durchaus die Beine wegreißen. Besucher müssen sich darum an den überall gespannten Halteseilen einklinken und vorsorglich einen frankierten, an sich selbst adressierten Briefumschlag in Körpergröße mit sich führen. Denn ist der Windkanal so richtig in Fahrt, macht man bei Windstärke 9 selbst als Fußballmuffel unfreiwillig die Schwalbe. Wann es jemanden umhaut, hängt jedoch unter anderem von seiner Statur ab.

Wer wird als Erster im Windkanal umgeblasen?

a) Ein Dicker (Er bietet dem Wind mehr Angriffsfläche.)

b) Ein Dünner (Sein geringes Gewicht hält ihn kaum am Boden.)

c) Beide gleichzeitig (Die Effekte halten sich die Waage und pusten formneutral beide um.)

Antwort: Lösung b ist richtig!

Ein schwerer Mensch wird mit größerer Kraft an den Boden gepresst und kann sich dort dank einer größeren Haftreibung besser halten als eine leichte Person.

Warum ist das so?

Kaum zu glauben, dass so winzig kleine Teilchen wie Luftmoleküle Kerle wie Herrn Boning von den Füßen reißen können. Doch wenn die Luft mit rund hundert Sachen auf breiter Front ankommt, steckt eine enorme Kraft dahinter. Wie viel genau, hängt von der Fläche ab, die der Körper dem Wind zum Angriff bietet. Tatsächlich ist das bei fülligen Personen mehr. Sie müssen folglich einem stärkeren Druck standhalten.

Allerdings haben schwere Körper einen Verbündeten beim Kampf um den sicheren Stand: die Haftreibung. Je größer die Masse ist, umso stärker ist auch ihre Bindung zum Boden. Denn der Mikroskop-Blick des Forschers verrät, dass jedes Objekt mit

Für Nochbesserwisser

Die Kraft des Windes ist eigentlich eine Reibungskraft, denn die Luftteilchen müssen um den störenden Körper herumfließen und reißen ihn dabei mit sich. Je windschnittiger der Körper ist, desto kleiner ist sein so genannter C_W-Wert und umso geringer fällt die Kraft aus. Ungünstig sind hingegen eine große Angriffsfläche, ein dichtes Fluidum (beispielsweise Wasser anstelle von Luft) und eine hohe Geschwindigkeit der Teilchen.

seinen mehr oder minder feinen Unebenheiten an den winzigen Vorsprüngen und Haken der Unterlage hängen bleibt. Dabei drückt eine große Masse die beiden stärker zusammen als kleine Gewichte. Oder anders ausgedrückt: Gewichtige Personen stehen nicht nur auf dem Boden, sondern ein kleines bisschen sogar darin. Und diese Verankerung schützt sie im Sturm.

Allerdings überwindet eine ordentlich steife Brise auch diesen Widerstand. Bei Windgeschwindigkeiten von etwa 33 Metern pro Sekunde war bei offiziellen Tests im Windkanal Schluss mit dem freien Stand. Im Freien dürften umherfliegende Gegenstände den Aufenthalt schon weit vorher zum riskanten Glücksspiel machen. Einen starken Sturm oder einen Orkan betrachtet man deshalb am besten vom sicheren Küchenfenster aus.

clever! entdeckt

Der Admiral und Forscher Sir Francis Beaufort (1774–1857) stellte 1806 die nach ihm benannte Skala der Windstärken auf. Auf der ersten internationalen meteorologischen Konferenz im Jahre 1835 in Brüssel wurde sie als allgemein gültig angenommen.

Wie heftig es weht, unterscheiden Meteorologen nach der Windstärke mit ihren zwölf Beaufort-Graden:

Windstärke	Bezeichnung	mittlere Windgeschwindigkeit	Wirkung an Land
0	Windstille	bis 0,2 m/s (unter 1 km/h)	Rauch steigt senkrecht empor
1	leiser Zug	0,3 bis 1,4 m/s (1 bis 5 km/h)	Rauch zeigt Windrichtung an
2	leichte Brise	1,5 bis 3,4 m/s (6 bis 12 km/h)	Blätter rascheln, im Gesicht spürbarer Wind

Windstärke	Bezeichnung	mittlere Windgeschwindigkeit	Wirkung an Land
3	schwache Brise	3,5 bis 5,4 m/s (13 bis 19 km/h)	dünne Zweige bewegen sich
4	mäßige Brise	5,5 bis 7,4 m/s (20 bis 27 km/h)	Zweige bewegen sich, loses Papier fliegt auf
5	frische Brise	7,5 bis 10,4 m/s (28 bis 37 km/h)	kleine Bäume bewegen sich
6	starker Wind	10,5 bis 13,4 m/s (38 bis 48 km/h)	starke Äste bewegen sich, oberirdische Leitungen pfeifen
7	steifer Wind	13,5 bis 17,4 m/s (49 bis 62 km/h)	Bäume schwanken, Gehen wird schwierig
8	stürmischer Wind	17,5 bis 20,4 m/s (63 bis 73 km/h)	Zweige brechen von den Bäumen, Gehen sehr schwer
9	Sturm	20,5 bis 24,4 m/s (74 bis 87 km/h)	Äste brechen von den Bäumen, Dachziegeln fallen herab
10	schwerer Sturm	24,5 bis 28,4 m/s (88 bis 102 km/h)	Bäume werden entwurzelt, Schäden an Häusern
11	orkanartiger Sturm	28,5 bis 32,4 m/s (103 bis 117 km/h)	Entwurzelte Bäume, schwere Sturmschäden
12	Orkan	über 32,5 m/s (über 116 km/h)	schwere Verwüstungen

Trockene Sprints gegen schnelle Schauer?

Manche Probleme lösen die Beine, bevor das Gehirn so richtig in Schwung kommt. Wer schlendert schon urgemütlich zum nächsten Unterstand, wenn es plötzlich zu regnen anfängt? Unabhängig

vom objektiven Nass-Zustand ist der subjektive Behaglichkeitsfaktor ausschlaggebend für die Entscheidung: Statt wissenschaftliche Überschlagsrechnungen durchzupauken und eine optimierte Schrittgeschwindigkeit anzuschlagen, sitzt man doch viel lieber bereits gemütlich im Café und schlürft eine Tasse heiße Schokolade. Dort philosophiert es sich viel angenehmer, welche Schrittgeschwindigkeit unter mathematisch-physikalischen Aspekten die richtige gewesen wäre. Denn eines ist klar: Wer zu spät im Café auftaucht, für den ist kein Stuhl mehr frei.

Wie kommt man trockener durch den Regen?

a) In einem normalen Gehtempo (Das gibt zwar mehr Tropfen von oben, dafür aber fast keine von vorne.)

b) Im Laufschritt (Man ist so dem Regen viel kürzer ausgesetzt.)

c) Das macht keinen Unterschied (Der Weg ist auf beide Arten gleich lang, nur die Verteilung der Tropfen ändert sich.)

Antwort: Lösung a ist richtig!

Der entscheidende Unterschied ergab sich im Experiment durch das Spritzwasser von unten – im Laufen werden die Beine dadurch nasser.

Warum ist das so?

Wenn man es ganz genau nimmt, müsste die Antwort lauten: Kommt drauf an! Zum Beispiel auf die Dichte des Regens, den Fallwinkel, die Tröpfchengeschwindigkeit, das Lauftempo, die Wegstrecke, die Frisur ... Grob vereinfacht, bekommt ein Geher mehr Wasser auf den Kopf, ein Läufer sammelt es dafür am Bauch an – vorausgesetzt, es regnet gerade von oben herab. Da ein Mensch von vorne betrachtet mehr Fläche bietet als von oben, ist der Läufer unter diesem Aspekt im Nachteil. Dafür ist er dem Regen aber nicht so lange ausgesetzt. Das alles zusammengefasst und abstrakt durchgerechnet, kommen wir zu dem Ergebnis: Rennen! Und zwar möglichst schnell.

So weit die Theorie. In der experimentellen clever!-Praxis hatte die Versuchsperson nach einem Lauf über den Regenparcours aber mehr Wasser aufgesogen als beim Gehen. Wie kann das sein? Die scharfen Augen des clever!-Teams haben den hauptverantwortlichen Übeltäter eindeutig identifiziert: das Spritzwasser aus den Pfützen. Beim Laufen treten wir mit Schwung in die Wasserlachen und schleudern uns selbst eine zweite Dusche an die Beine. In der Nasswerdberechnung wird dies meistens nicht berücksichtigt, das Nass von unten trägt aber erheblich zum sumpfigen Gefühl in den Klamotten bei.

Ob Theorie oder Praxis – optimal erwischt es Sie, wenn der Regen vom Wind leicht in Richtung Café geweht wird. Dann sollten Sie ihm genau in diesem Tempo folgen. So minimieren Sie die Feuchtigkeit und kommen rechtzeitig an Ihre Trinkschokolade.

Springvergnügte Busfahrten

Jeden Morgen der gleiche Stress. Als umweltbewusster Bürger fährt Herr Boning natürlich mit dem Bus zum Studio, auch wenn darin zur Rushhour bekannterweise ein Gedränge herrscht wie bei einem Robbie-Williams-Konzert in der Pause auf dem Damenklo. Wohlerzogen, wie er nun mal ist, bietet der clever!-Chefweißkittel regelmäßig seinen Sitzplatz höflich einem gestressten Schulkind an und klettert zu den übrigen Fahrgästen, die im Inneren keinen Platz mehr bekommen haben, auf das Dach des Busses. Weil die Stadtverwaltung bislang keine Finanzmittel lockermachen konnte, um dort oben Sicherheitsgurte, Haltestangen oder zumindest Sitzkissen anzubringen, gelten für Dachreisende besondere Sicherheitsvorkehrungen. So ist beispielsweise untersagt, während der Fahrt grinsende Gesichter auf die Lichter der Ampeln zu malen, heftig quer zur Fahrtrichtung zu niesen oder senkrecht nach oben in die Luft zu springen. Angeblich braust der Bus dabei unter einem davon, und man landet mit dem Hosenboden auf der Straße. Aber stimmt das überhaupt?

Wo landet der Busspringer, wenn der Bus mit gleichmäßigem Tempo fährt?

a) Nah am Absprungpunkt (Bus und Springer haben die gleiche Geschwindigkeit.)

b) Am Ende des Busses (Wenn er in der Mitte hochspringt, landet er gerade noch auf dem Dach.)

c) Auf der Straße hinter dem Bus (Im Experiment war dort natürlich ein Fangnetz gespannt.)

Antwort: Lösung a ist richtig!

Der Springer hat die gleiche Geschwindigkeit wie der Bus. Nur der Fahrtwind bremst ihn etwas ab.

Warum ist das so?

Im Inneren eines Busses kann jeder es selbst ausprobieren: Ein kleiner Hupfer, und wir landen wieder auf genau jenem Fuß des

Nachbarn, auf dem wir bereits vor dem Sprung gestanden haben. Der Bus hat uns nämlich beim Losfahren mitgezogen und auf die gleiche Geschwindigkeit gebracht, die er selbst fährt. Um von alleine zu beschleunigen oder zu bremsen, ist unser Körper dagegen zu träge. Und nicht nur der, sondern auch die Aktentasche, der Einkaufskorb und überhaupt alle Materie unterliegt der physikalischen Massenträgheit, die bewirkt, dass man schon stoßen oder ziehen muss, um einen Gegenstand

Für Nochbesserwisser

Die Beschreibung «gerade nach oben» ist beim Sprung auf einem fahrenden Bus Ansichtssache. Vom Standpunkt eines Mitreisenden hüpft der Springer tatsächlich ziemlich senkrecht nach oben und kommt ebenso wieder nach unten. Ein Passant auf dem Gehsteig würde den Sprung aber als bogenförmig beschreiben. Aus seiner Sicht bewegt sich der Springer nicht nur nach oben und unten, sondern gleichzeitig mit der Geschwindigkeit des Busses nach vorne. Die Bewegung ist somit *relativ* zum Betrachter – würden wir den Springer durch einen Lichtstrahl ersetzen, wären wir schon bei Einsteins Spezieller Relativitätstheorie gelandet.

schneller oder langsamer zu machen. Im Bus bremst uns aber nichts, und daher fliegen wir weiter, als ob nichts wäre.

Auf dem Dach gelten die gleichen Gesetze, aber es kommt eine neue Größe ins Spiel: der Fahrtwind. Während die abgestandene Busluft jede Beschleunigung, jeden Stopp und jede Kurve mitmachen muss, schwirren die freien Luftmoleküle draußen nach eigenem Gutdünken herum. Und sie sind uns im Weg bei unserer Fahrt im Freien. Wie ein Eisbrecher die Schollen schieben wir die Teilchen der Luft mit unserem Bauch zur Seite. Dabei drückt uns die Luft natürlich auch nach hinten. Weil der Bus uns aber mit seiner Kraft ständig weiterzieht, stört uns der Wind um die Nase wenig – solange wir die Füße fest auf dem Dach halten. Springen wir nun gerade nach oben, fällt für die Dauer der Flugphase die Bus-Unterstützung weg, und wir sind auf uns allein gestellt. Zum Glück haben wir aber noch den Schwung – der Experte spricht vom Impuls – der Fahrt und fliegen, der Trägheit folgend, geradeaus weiter. Nur langsam bremsen uns die Zusammenstöße mit den unzähligen ruhenden Luftmolekülen ab. Würde der Flug ewig andauern, kämen wir dadurch schließlich ganz zum Stoppen, doch nach wenigen Augenblicken landen wir wieder auf dem Busdach, und in dieser Zeit konnte die Luft uns nur wenig zurückhalten. Wir landen fast am Ausgangspunkt.

Wie groß die Abweichung von der Absprungstelle genau ist, hängt von vielen Größen ab. Zum Beispiel von der Angriffsfläche, die wir

clever! zu Hause

Wenn Sie zu Hause ein Skateboard haben, können Sie den Versuch im kleinen Maßstab nachvollziehen. Nehmen Sie Schwung und hüpfen Sie im Rollen ein Stückchen gerade in die Luft – Sie werden wieder auf dem Board landen. Vorausgesetzt, Ihre Fahrkünste sind entsprechend.

dem Fahrtwind bieten. Außerdem von der Dauer der Flugphase, die wiederum von der Sprunghöhe bestimmt wird. Und auch die Masse des Springers spielt eine Rolle, denn sie bestimmt, wie groß der Impuls des Körpers ist, den die Luftteilchen abfangen müssen.

Und noch etwas ist von entscheidender Bedeutung: Der Bus muss während des Sprunges mit gleich bleibender Geschwindigkeit strikt geradeaus fahren! Bremst er, fliegen wir mit unverändertem Tempo weiter und können eventuell dem Fahrer beim Sturz entlang der Frontscheibe zuwinken. Wird der Bus plötzlich schneller, überträgt sich die Beschleunigung nicht auf uns, und wir kommen weiter hinten herunter. Biegt der Wagen aber ab, während wir uns in der Luft befinden, trennen sich unsere Wege, denn die Massenträgheit schiebt uns stur geradeaus voran.

So gesehen birgt die Fahrt auf dem Busdach doch erhebliche Risiken. Herr Boning wird darum heute nach der Show seinen alten Tretroller aus dem Schuppen hervorholen. Schließlich hat der nichtmotorisierte Individualverkehr auch seine Reize.

Wenn alle am selben Strick ziehen

Sich so richtig ins Zeug zu legen, den gestählten Körper bis an seine Grenzen zu fordern, jenseits des Limits mehr über sich selbst zu erfahren – nach Feierabend können wir endlich unserem animalischen Leistungsdrang nachgehen. Als verbissener Einzel-

kämpfer oder glorreicher Teamplayer setzen wir explosive Energien frei, die wir während der Lohnarbeit mühsam für uns behalten haben. Doch schauen wir uns nach kräftezehrender Fitnesstortour vom Sofa aus den Auftritt der Fußballnationalelf an, kommen die Zweifel: Geben die Spieler wirklich vollen Einsatz? Würden sie sich tatsächlich die Lunge aus dem Hals laufen, um jene Kunststoffimitation einer Schweinsblase in das grobmaschige Netz der gegnerischen Mannschaft zu befördern? Oder schonen sie sich lieber, weil sie «Team» als: «**T**oll, **e**in **a**nderer **m**acht's» definieren. Am Beispiel des allseits beliebten Tauziehens prüft clever! nach, ob der Einzelne sich als Teil einer Mannschaft genauso ins Zeug legt wie beim Soloauftritt.

Wie ist die Leistung im Team, verglichen mit den Einzelleistungen?

a) Deutlich geringer (Je größer die Gruppe, umso schlapper ihre Mitglieder.)

b) Ungefähr gleich (Sport ist Sport, und Sieg ist Sieg.)

c) Deutlich höher (Keiner will als Drückeberger dastehen.)

Antwort: Lösung a ist richtig!
Obwohl es uns nicht bewusst ist, leisten wir im Team weniger, als die Summe der Einzelleistungen erwarten lässt.

Warum ist das so?

Der Test, den Max Ringelmann 1883 durchführte, war einfach, aber anstrengend: Er ließ Studenten mit aller Macht an einem

fünf Meter langem Seil ziehen, an dessen anderem Ende ein Kraftmesser installiert war. Mal mussten sie sich alleine verausgaben, mal zu mehreren. Runde um Runde ergaben die Aufzeichnungen der Zugkräfte ein niederschmetterndes Bild: Der Mensch ist faul! Je mehr Sportskanonen am Seil hingen, umso geringer war offenbar der Einsatz des Einzelnen. Schon bei zwei Leuten sank ihre Kraft auf 93 Prozent der Summe ihrer Einzelleistungen. Bei drei Personen waren es nur noch 85 Prozent, und zu viert begnügten sie sich mit 77 Prozent. Die Blamage setzte sich fort, bis sie bei acht Teammitgliedern auf den peinlichen Einsatz von rund 50 Prozent gesunken war. Am erstaunlichsten dabei: Offenbar war niemandem bewusst, dass er nur halbherzig bei der Sache war.

Bei der Erklärung dieses als Ringelmann-Effekt bezeichneten Phänomens ist die Wissenschaft auf Vermutungen angewiesen. Psychologen nehmen an, dass der Einzelne bei einer Teamarbeit nicht mehr unmittelbar seinen Anteil erkennt und darum nicht so motiviert anpackt. Tatsächlich sinkt die Gesamtleistung weniger, wenn die Gruppenmitglieder befreundet oder verwandt sind oder sich in einer lebensgefährlichen Situation befinden – beides

Nachgehakt

Den Ringelmann-Effekt sollte man nicht mit «Trittbrettfahren» verwechseln. Trittbrettfahrer verweigern ihre Leistung absichtlich, der Ringelmann'sche Verlust tritt unbewusst ein.

starke Motivationsgründe. Aber selbst unter diesen Bedingungen erreichen Menschen nicht ihre volle Leistungsfähigkeit. Womöglich lässt sich die verbleibende Lücke mit Problemen bei der Koordination erklären. Für optimale Ergebnisse müssen die einzelnen Beiträge perfekt aufeinander abgestimmt sein. Wenn beim Tauziehen nicht alle genau zur gleichen Zeit ihren Einsatz bringen, können sie das Maximum nicht erreichen. Im schlimmsten Fall treten sie sich sogar gegenseitig auf die Füße.

Ringelmanns Forschung bestätigt also unsere altkluge Lebensweisheit: Wenn du willst, dass etwas ordentlich gemacht wird, musst du es selbst tun.

Das clever!-Buch sollte deshalb immer nur einer zur Zeit lesen – sonst bekommen Ihre grauen Zellen nur einen Bruchteil der wertvollen Trainingseinheiten ab.

Nachgehakt

In den 1970er Jahren hat der Amerikaner Alan Ingham das Experiment von Ringelmann mit moderneren Mitteln wiederholt – und kam zum gleichen Resultat. Je mehr Leute wirklich oder scheinbar mitarbeiten, umso weniger setzt sich der Einzelne ein.

Fotonachweis

Fotos auf den Seiten 11, 17, 21, 25, 41, 57, 63, 73, 81, 98, 110, 125, 129, 131, 159, 171, 175, 176, 188, 200, 203, 209, 212: © Merchandising Media.
Alle übrigen Fotos im Innenteil: © Max Kohr

S 4/2

© Klaus Kallabis

Christoph Drösser

Stimmt's, Herr Drösser, dass Ihre Bücher süchtig machen?

Stimmt's?
Moderne Legenden im Test
rororo 60728
«Bier auf Wein, das lass sein – Wein auf Bier, das rat ich dir.» Stimmt's? Alltagsweisheiten auf dem Prüfstand.

Stimmt's?
Noch mehr moderne Legenden im Test. rororo 60933

Stimmt's?
Neue moderne Legenden im Test
rororo 61489

Stimmt's?
Freche Fragen, Lügen und Legenden für clevere Kids
rororo 21310
Stimmt's, dass Pinguine umfallen, wenn Flugzeuge über sie hinwegfliegen? Gähnen ansteckend ist? Pupse brennbar sind? Schokolade süchtig macht? Christoph Drösser, Redakteur der «Zeit» und science-Buchautor, macht Schluss mit Lügen und Legenden.

Stimmt's?
Moderne Legenden im Test – Folge 4
Auch nach acht Jahren reißt der Strom der Fragen nicht ab, mit denen die «Zeit»-Leser Christoph Drösser löchern. Hier sind 100 Themen aus den letzten drei Jahren versammelt.

rororo 62064